一生的忠告

LETTERS TO HIS SON

第3版

[英] 查斯特菲尔德 / 著
褚律元 / 译

中国法制出版社
CHINA LEGAL PUBLISHING HOUSE

丰富宝贵的人生智慧

（译本序）

世上既独特又优秀的好书并不是很多——除了优秀外，我还强调独特。国内颇受读者喜欢的畅销书《傅雷家书》便是其中之一，若干年前我读到它时就被深深地吸引住了。我从傅雷对他儿子的谆谆教诲中获益匪浅，懂得了不少人生的道理，后来我坚定不移地在自己所热爱的翻译事业上努力拼搏并取得一定成绩，不能不说是受了此书的很大影响。我们一生可以读到许多好书，但真正能让我们久久难忘的恐怕有限。对我而言——我也相信对于不少读者而言——这本书是留下了极其深刻的印象的。

在从事翻译工作的过程中，我十分高兴地发现在英国也有一本与《傅雷家书》类似的杰作，它也是一位出类拔萃的名人父亲为了引导儿子更好地成长，以便将来成为一名优秀的人才，不辞辛劳、毫无保留地以书信形式把自己几十年宝贵的人生经验和智慧融合总结而成的著作。虽然作者是写给自己儿子的——这当中必然包括一些在通常情况下，其他人难以听到的东西——但在时过境迁的当下，我们也有机会欣赏并吸取到其中可贵的精神财富，这不能不说是一件非常有意义的事。我们完全可以把它当作是一位杰出的长者在向千千万万的青年传授他从实践中总结出来的人生经验和智慧，从中汲取颇有价值的东西为己所用，从而使自己的人生道路更加顺畅，更加富有光彩。

一生的忠告

这本英式“傅雷家书”的作者便是英国政治家、外交家和作家P.D.查斯特菲尔德伯爵（1694—1773）。他曾任英国驻荷兰大使、国会议员、爱尔兰总督等职，以所著这部《一生的忠告》闻名遐迩。他温文尔雅，机智敏捷，很受同时代重要人物的赞赏。他与著名作家蒲柏、斯威夫特和伏尔泰交往颇深，还是许多艰苦奋斗的作家的赞助人。

《一生的忠告》是一部教人如何富有教养、善于在社会上处世以获得成就的杰作。它充满了人生宝贵的经验和智慧，读者可从中懂得许多人生的道理，得到非常有益的启示，对自身的成长颇有帮助。书中有不少精辟的语言，教人如何珍惜光阴，积极上进，树立良好的美德；如何恰当地对待享乐，树立正确的人生观和世界观；如何交友才能受人欢迎，避免不应该犯的错误；如何读书，如何讲话，才会取得较好的效果；等等。它是一本关于人生艺术的书，有理有据而不空谈，体现了一位家长对孩子无微不至的关怀。通过阅读本书，读者能学到很多可贵的知识。请看我随意选出的如下一段话说得多好，而这样的警句在本书中比比皆是，不胜枚举：

> 我最盼望你明白的一件事，就是时间的真正用处与价值，世上只有很少的人明白这个道理。每个人口头上都讲这个道理，但真正行动起来的却寥寥无几。所有的蠢人都把全部时间浪费在无所事事、闲言碎语上，然而也会时不时地说些人尽皆知的老生常谈——这样的语言可以百万计——来证明时间的珍贵和转瞬即逝。欧洲各地都有日晷，上面镌刻着某些箴言警句，以便使人们见到这些箴言警句便提醒自己很好地利用每天的时间，因为时间一逝便无法追回。

有评论者把作者与其子的这种父子关系比作师生关系、朋友关系，认为从来没有一个学生得到过这样一位如此真诚、持久、慷慨和卓越的导师、哲学家和朋友的教导，从来没有谁的努力和奋斗获得如此巨大的回报。虽然这种看法未免有点极端，但我们也从中看出本书所产生的良好效果。作者的处世哲学尽管跨越了时光，但它是清新真诚的，在任何时代都能以其简练的表达、闪光的智慧和可爱的幽默给人带来喜悦。

人生是一门艺术，掌握好这门艺术不是一件容易的事，需要不断学习和探索，才会使自己获得更加美好的生活艺术，从而使自己的人生更加丰富和完美。人要有所作为或大有作为，无疑首先要有丰富的知识，但仅凭这点是不够的，必须还要会生活，会处世，这样才可能在纷繁复杂的社会中如鱼得水，使自己的才能得到充分发挥——这便是作者在本书中所强调和指导的。一件本来很有意义的好事，如果我们不用正确恰当的方法去做它，也会事倍功半，达不到理想的效果。有的人文化水平并不是很高，但事情却比很多文化水平颇高的人办得好，在社会上颇受欢迎，原因就在于他们善于为人处世，能够较好地处理生活中的各种关系。这种在事业工作中必不可少的处世能力不是生来就有的，需要学习，而本书便是一本不可多得的好教材。只要我们认真阅读，仔细分析，并在实际生活中加以适当运用，我们的处世能力和办事效果必然会大有提高。作者本身是这方面的行家名人，而他悉心培养出来的儿子确实也在人生的道路上取得了不小的成绩，他在各方面都比较出众，胜过不少同龄人，获得了较大的成功，这与其父亲朋友般的耐心引导密不可分。

正如我们对待每本好书一样，对本书也要注意有鉴别有选择地吸收，而不应认为所有的话都是正确的。作者毕竟生活在两百多年前，思想观念自然也会存在一定的局限。人无完人，这是十分正常的事。

所以有鉴别地吸收知识，是我们对待任何一本书应有的态度。

在此希望广大读者都不断提升自我并积极实践，为国家和人类做出自己应有的贡献！

刘荣跃

目 录

第一部分

1746—1747 年

Choose your pleasures for yourself, and do not let them be imposed upon you. Follow nature and not fashion : weigh the present enjoyment of your pleasures against the necessary consequences of them, and then let your own common sense determine your choice.

为自己选择快乐，不要让它们强加于你。遵循本心而非时尚：要衡量当下的享乐与随之而来的后果，让你自己的常识来决定你的选择。

（一）青年人应有超凡出众的雄心[①]

1746年10月9日（旧辑）[②]，巴斯[③]

亲爱的儿子：

你在从海德堡到沙夫豪森[④]的旅途中遇到的诸种不适：你睡在草秆上，吃黑面包，乘坐破旧马车，正是在一次长途旅行中应预料到的增添兴味之事。其实，其中的寓意，即可看作是人的一生中常常会遇到各种意外、困难与挫折。在这样的旅途中，“理解”便是载你通行的“车辆”；依据你的理解或强或弱，“车辆”维修得好或差，决定你的旅行较好或较坏，何况，你眼下有时遇到的只不过是一些糟糕的道路或一些糟糕的旅店。为此，必须注意使“车辆”始终处于完好状态，每日均须“查看”“修缮”“加固”。每人均有能力做好此事。如有忽略，必将毫无疑问地遭受因疏忽它而招来的致命后果。

谈到疏忽，我倒还想多讲几句。你知道，我常对你说，我对你的爱不是一种妇人的溺爱，这种爱决不会捂住我的眼睛，而是使我更敏锐地发现你的弱点，向你指出你的弱点不仅仅是我的权利，而且是我的责任；而改正缺点既是你的责任，又是你利益攸关的所在。经过我对你的严格审视，感谢上帝，迄今为止，我没有发现你在心胸方面有任何恶劣的品质，但是，我觉得你有些懒惰、疏忽和冷漠。这些缺点在老人身上是可以宽宥的，他们到了人生的暮年，

① 第一封信系刘荣跃译。

② 旧辑，原文 O. S.，为 Old Series 的缩写，指书信集的旧辑。与此相对，则是 N.S.，即新辑。——译注

③ 巴斯，英国英格兰西南部城市，以温泉著称。——译注

④ 海德堡属德国，沙夫豪森属瑞士。——译注

身心衰退，有权得到平静安宁。但是，一个青年人，应该具有超凡出众的雄心，想要发光发热，出人头地；应当机警灵活，积极主动，在行动中像凯撒那样不屈不挠。你看来不缺少那种“Voiture”（拉丁文：“生气勃勃的活力”），正是这样的活力激励着许多青年去超凡出众，去获得众人的欢心。没有这样的愿望，不付出必要的代价，你绝不能达此目的。没有诚心诚意地去讨众人的欢心，你也就得不到众人的欢心。我确信，任何一个具有正常思维能力的人，经过适当的培养、重视与努力，都可以如愿以偿，只有成为一名优秀诗人是例外。你的事业巅峰，应是伟大而繁忙的国际事务，眼前的目标则是了解某些欧洲国家的事务、利益、历史、制度与风俗习惯。在这些方面，任何具有普通常识的人，只要勤奋努力，都必然会表现出色。有关古代与近代历史的知识，只需专心研习，便不难获得。地理学与年代学同样如此，掌握它们绝不需要非凡的天赋或创造力，熟读优秀作家的作品，关注优良的生活方式，便可使你的语言与写作清楚明白，正确无误，流畅优美。这些正是你特别需要的才能，在你现在的活动范围，只要你想得到，你是可以得到的。我坦率地对你说，如果你不拥有它们，我会十分生气，因为你分明可以拥有而不去努力，那么这只能是你自己的错。你想成为出众之人，在世界上崭露头角，就必须勤奋努力以获得上述品质；即使你只想成为一个在社会上受欢迎的人，也必须具有良好的品质。的确，凡是值得去做的事情，就必须把它做好，而缺乏专心致志则将一事无成。我所说的专心致志，涵盖了生活琐事，甚至包括跳舞、穿衣。习俗要求年轻人会跳舞，为此必须注意把它学好，不要显得笨手笨脚。衣着也同等重要。人必须穿衣，自然就要注意衣着入时，不是去同过分打扮的纨绔子弟一比高低，而是要避免缺乏谐调而显得可笑。要十分注意向你的同龄人中那些有见识的人的衣着打扮看齐，既要避免引起他人的讥评，又不要过分地讲究。

人们常说的漫不经心的人，通常十分软弱或感情冲动，无论何种情况，我确信他在群体中都不受欢迎。他一般在有教养的人群中不会成功。昨天还是相处很亲密的人，今天就视同陌路了。在交谈中，他无一席之地，相反，他只会时不时地打断别人的谈论，或者突发奇论，似乎刚从梦中惊醒。正如我在前面讲过的，这只能表明这种人智力低下，应付不了略为复杂的问题；或者说明他毫无主见，在一个重要问题前茫然失措。艾萨克·牛顿爵士、洛克先生，以及创世以来其余五六位或更多的伟人，也许有权利对一般事务漫不经心，因为他们太专注于他们所研究的对象。但是，一个年轻人，一个想闻名于世的人，他没有这样的借口去获得漫不经心的权利。依我看来，如果他还装出一副漫不经心的样子，那只会受众人的排斥而被迫丧失一切。无论一个群体多么轻浮，当你置身于他们之中时，也不要显露你看出了他们的轻浮，宁可随声附和，不必过于较真，切勿显出对他们的鄙视。人们最不能忍受、最不能原谅的，即是受到轻视（忘却伤害比忘却侮辱容易）。为此，你宁愿去讨人喜欢而不要去得罪他人；宁愿让人说你好，不要让人说你坏；宁愿让人爱，不要让人恨；记住要时刻注意满足对方小小的虚荣心；如若不然，他的自尊受到伤害，必将引起对你的怨恨，至少对你反感。例如，大多数人（也许可以说所有的人）都有各自的弱点，对这样那样的事物都有各自的喜恶；因此，如果你嘲笑某人爱养猫或爱吃奶酪（这样的反感很普通），或者，你本来可以不说的却在不经意间流露出你的反感，那么，首先，对方会认为是受到了侮辱；其次，对方认为受到了藐视，或二者都有。反之，你应当注意投其所好，避其所恶，让他感到他至少是你所重视的对象；应当满足他的虚荣心，让他把你视为知己。至于女人，对她们也应给予一定的关注，但应依各地的风俗习惯，通过适当方式，按良好教养的准则行事。

我常常给你写去长信，但十分担心它们能否送达。这使我不由得想起放风筝送信的故事，有些绑在风筝上的信被风吹走了，有些被风筝的长线绞碎，只有少数的信才能够贴牢在风筝上。不过我会像过去一样，确知你已收到我的信件，我就满意了。再见！

名言佳句英汉对照

A young man should be ambitious to shine, and excel; alert, active, and indefatigable in the means of doing it, like Caesar.

一个青年人，应该具有超凡出众的雄心，想要发光发热、出人头地：应当机警灵活、积极主动，在行动中像凯撒那样不屈不挠。

In truth, whatever is worth doing at all, is worth doing well; and nothing can be done well without attention.

的确，凡是值得去做的事情，就必须把它做好，而缺乏专心致志则将一事无成。

（二）持之以恒的美德修养与坚持不懈地追求知识

1746年12月2日（旧辑），伦敦

亲爱的孩子[①]：

我估计此刻你已在洛桑安顿好了，请务必让我知道你是如何度过时光的，学了些什么，有何消遣，认识了哪些朋友？理所当然，你一定每日都在了解瑞士联邦的政府体制，我自己对它们并不是很清楚。我并不想听你一一介绍各州的情况，但我倒想知道你所居住的伯尔尼州的一些情况，我想它是一个重要的州吧。

---

① 此后将略去。——译注

一生的忠告

今天我收到了你10月2日寄自伯尔尼的信（新辑），也收到了哈特先生同日寄来的信。你这么喜欢瑞士，让我很高兴。哈特先生对你颇有好评。请继续来信告知伯尔尼州的政府体制，我相信在你离开此州前，一定了解得很详细了。洛桑的地势高低不平，气候虽较寒冷，但你经常上坡下坡，身子反倒会感到暖和。你说那里有不少好群体，务必告诉我，你是否已加入进去？你结识了哪些朋友？请把他们的姓氏告诉我。你已开始学德文了吗？

我读到博歇先生给我一位朋友的来信，讲到了对你的好评，使我极为欣慰。他还讲到在我患病期间，你对我关怀备至，我对此表示感谢。感激的情感不是处处都有的，也不是普普通通的。你可以从中体会到我对你的喜爱，而我希望得到的唯一回报，也正是你最大的利益所在，那就是持之以恒的美德修养与坚持不懈地追求知识。再见！[①]

名言佳句英汉对照

The only return I desire is, what it is chiefly your interest to make me; I mean your invariable practice of virtue, and your indefatigable pursuit of knowledge.

我希望得到的唯一回报，也正是你最大的利益所在，那就是持之以恒的美德修养和对知识的不懈追求。

---

① 此后将略去信尾祝福语。——译注

（三）光阴是如此宝贵，一旦失去便不复再来

1747 年 2 月 24 日（旧辑），伦敦

先生：[①]

准确地读、写、说现代语言，拥有各国的法律知识，了解各个帝国的政府体制及其历史、地理与大事记，对你将来从事外交事务是十分必要的，这是我一再请你注意的。你有了这些才能，就很可能继承我的事业。我希望你充分利用好你的时间，世上很少有人能做到这一点。在适当的场合，交友、散步、也包括骑马在内，这些都是很有用的。而我所不能原谅的是，到处闲逛，无所事事。光阴是如此宝贵，一旦失去便不复再来。

你和我都要把法语学好，如缺乏练习便易忘记。请允许我强调一下法语的重要性，很可能我们每天闲扯的三分之二是用法语。无论如何，这种语言便于谈论轻松有趣的话题。目前，我不想提醒你学习希腊文或拉丁文，学习自然科学或各国的法律，学习公民权利等，我情愿同你讨论你作何种消遣的问题。说实话，每个人都有他的消遣娱乐活动。请允许我来问问你，你喜欢哪种性质的娱乐？是否在好朋友中玩玩小输赢的纸牌？是否喜欢小小的欢乐的晚宴？这些晚宴都是既开开心心又体面大方。你是否常拜访某个关怀你、能帮助你的人？

许多年轻人只是寻欢作乐，毫无品味，甚至把纵情声色看作快乐。酗酒对身心均有害无益。赌博只能千百次地把你陷入争吵使你身无分文，成为一个

① 查斯特菲尔德伯爵给他儿子写信，或称“亲爱的孩子”或称“先生”，更多的时候称“我亲爱的朋友”。——译注

暴戾之人。

说起来，这些都是琐事，然而，目前这些却正是大多数年轻人的娱乐项目，这些人从不躬身反省。我想竭力劝告你，绝不要陷入那种错误。你应当理智地选择有高尚品味的消遣娱乐活动。一位绅士真正的享乐，应当是在桌面上，并且也要有所节制；交友要慎重，即结交那些优秀的人物；可以有小输赢地玩玩牌，只看作是娱乐，不能怀着赢钱的目的；同高尚有见识的女士可以作一些轻松、殷勤的谈话。

这些才是绅士们真正的享乐，这些享乐活动既无害于身体，又不致让人蒙羞或感到悔恨。凡是超越这些界限的，便成为恶行，成为纵欲，让人失去理性，这些不仅不能使人满足，反而让人脸上无光，名誉被玷污。

名言佳句英汉对照

The true pleasures of a gentleman are those of the table, but within the bound of moderation; good company, that is to say, people of merit; moderate play, which amuses, without any interested views; and sprightly gallant conversations with women of fashion and sense.

一位绅士真正的享乐，应当是在桌面上，并且也要有所节制；交友要慎重，即结交那些优秀的人物；可以有小输赢地玩玩牌，只看作是娱乐，不能怀着赢钱的目的；同高尚有见识的女士可以作一些轻松、殷勤的谈话。

（四）追求美德、学问与智慧

1747年3月6日（旧辑），伦敦

无论你做什么事，总能引起我敏锐的关注。有两封最近从洛桑来的有关你的信使我非常高兴。一封是圣杰曼夫人写来的，另一封是潘平先生写来的。他们两人对你都有好评，我认为，让你知道此事，对他们、对你，都是公平的。有优良品质的人，知道别人对你的评价，应当感到满意，并看作是褒奖与鼓励。他们在信中说，你不仅有较好的素养，而且那种忸怩羞怯、局促不安与信口胡说的毛病（顺便说说，你在这方面也沾一点边），你已经有了些改变。我对此感到衷心喜悦。我常常告诉你，那些不是最重要却也不能低估的品质，包括执着、投入的精神，平易近人的态度，有风度的举止与言谈，远比一般人所想象的更重要，尤其在英国。美德与学问，就像是黄金，具有它们固有的价值，但如不加以“抛光”，必将损失不少光泽，而擦亮的铜器在人们心目中甚至会超过粗糙的金器。潇洒显得有教养的法国人，由于他们风度翩翩，仪表堂堂，便遮盖住许多缺点。我常这么想、这么说：那些具有美德、学问与智慧的法国人，再加上这个国家所培养出来的雍容仪态，便是世界上最完美的人。如果你愿意——我希望你有此愿望——成为这样的人，你完全可以做到。你知道什么是美德，只要你想拥有它，你便能拥有它，全凭人的力量主宰，而无此力量的人就只能是可悲之人。上帝给了你智慧。你在一个适当的时期内也会拥有必要的学问。怀着这样的目的，你便能很早踏进一个广阔的世界。如果你仍得不到这一切，得不到必要的成功以完善自己，那只能是你自己的过错。

名言佳句英汉对照

Virtue and learning, like gold, have their intrinsic value but if they are not polished, they certainly lose a great deal of their luster; and even polished brass will pass upon more people than rough gold.

美德与学问，就像是黄金，具有它们固有的价值，但如不加以“抛光”，必将损失不少光泽，而擦亮的铜器在人们心目中甚至会超过粗糙的金器。

（五）寻欢作乐是年轻人的暗礁

1747 年 3 月 27 日（旧辑），伦敦

寻欢作乐是大多数年轻人要碰上的暗礁。这些年轻人为了寻欢作乐，像驾驶着挤作一堆的帆船蜂拥下海，却没有指引航向的罗盘，也没有必要的理智去掌舵，因为缺了这些，航海的回报不是快乐而是羞耻与痛苦。不要以为我是一提起欢乐就要咆哮的斯多葛主义者，我也不是一再说教、反对享乐的教堂牧师。不，我不是那个意思。我只是向你指出这个问题，像一个伊壁鸠鲁学说的信奉者，我希望你多享受欢乐，只是，提醒你不要滥求。

大多数年轻人最羡慕的人是能寻欢作乐的人。但他们不考虑自己的口味与偏爱，只盲目地追随某些寻欢作乐的人。在“寻欢作乐”这个含混的字句下，其实包括了：不可救药的酒徒，本性难移的色鬼。我不妨给你讲讲我年轻时的情况，也许对你有用，尽管讲起来有些惭愧。我本来是天生痛恨饮酒的，但我却不时地饮酒，喝酒当时就感到厌恶，第二天还觉得不舒服；但是，当时我是把会饮酒看作是一位绅士所必有的品质，是一个会享乐的人所必有的本事。

赌钱也一样。我并不需要赢钱，因此也不为赢钱去玩牌。但我又把玩牌看作是一个会享乐的人所应有的活动，因此，最初我是兴高采烈地去玩牌的，此后三十年间，我为此牺牲了不少大好时光。后来，我发现这种活动只有粗鄙与罪恶，就把它放弃了。

受到时尚的诱惑，盲目追随表面上的享乐，使我失去了真正的快乐，我的财产受到损失，我的体质也下降了，我必须承认这些都是对我的错误的公正惩罚。

由此得出忠告：为自己选择快乐，不要让它们强加于你。遵循本心而非时尚：要衡量当下的享乐与随之而来的后果，让你自己的常识来决定你的选择。

如果从头开始生活，根据已有的经验我将过一种真实的快乐生活而不是想象的快乐生活。我将享受美食与美酒但绝不过量。我将从玩牌中寻找乐趣而不是自寻烦恼，也就是说，只玩玩小牌，寻寻开心，绝不去玩一些大输赢的牌。要是有大输赢，若我胜了，也不见得使我更富；若我输了，赔钱也不那么容易，但将会阻碍我去购买一些本该购买的物品。更不用说，大输赢常常会引起争吵。

我会花时间在读书上，休息时同一些有见识有学问尤其是高出于我的人们结伴为伍。尽管常常很琐碎，然而总能获得一些新鲜观点，这有益无害。

这些就将是我的乐趣与娱乐。如果我再把最近的三十年重新过一遍，那么一定会是合乎理智的三十年，一定是合乎上流社会的享乐活动。美德、慈善、学问，才是真正的、永恒的乐趣，我希望你很好地、长期地拥有它们。

名言佳句英汉对照

Choose your pleasures for yourself, and do not let them be imposed upon you.

Follow nature and not fashion : weigh the present enjoyment of your pleasures against the necessary consequences of them, and then let your own common sense determine your choice.

为自己选择快乐，不要让它们强加于你。遵循本心而非时尚：要衡量当下的享乐与随之而来的后果，让你自己的常识来决定你的选择。

（六）做事必须全神贯注

1747年4月14日（旧辑），伦敦

哈特先生告诉我，你对学习十分专注，开始从理解中尝到甜头。这种快乐将随着你的更加专注而获得更多。你也许还记得，我总是诚恳地对你劝说，做任何事情都要全神贯注地把它做好，不能一心二用。但绝不是说，要你整天啃书本，绝不是这个意思。我的意思是，你还应当有你的娱乐。在一定时间内关注娱乐，要同关注学习一样。如果你不平等地关注这二者，你的学习既不会进步，你的享受也不会得到满足。一个人如果没有或根本不能全神贯注于当前的事情并在某种程度上把其他无关的事情从头脑中排除出去，那么，他既搞不好事业，也享受不到乐趣。若在一次舞会或晚宴或欢乐的聚会上，某个人只顾在自己的脑子里思索如何解答欧几里得的一个问题，那么，他将是一名糟糕的伙伴，在同伴中显出一副可怜的形象。而如果这个人在自己的书房里钻研某个算术题，却又在想着某件备忘录，我估计他必将成为一名糟糕的数学家。如果你一次只做一件事情，一天之中就有足够的时间来安排所有的事情；如果你一次做两件事情，一年也做不完这些事。省议会议长德·威特，他白天整天忙于共和国的事务，晚上还有时间去参加集会，和同伴共进晚餐。问他如何能在如

此繁忙的情况下还去与民同乐，他回答说，这太容易了，一段时间里只做一件事，今日事今日毕，绝不拖到明天去。这种镇定自若、绝不分心的精神，是优秀天才人物的确切标志；而仓促、忙乱、激动，则是意志薄弱、猥琐无能的必然表现。

名言佳句英汉对照

A man is fit for neither business nor pleasure, who either cannot, or does not, command and direct his attention to the present object, and, in some degree, banish for that time all other objects from his thoughts.

一个人，如果没有或根本不能全神贯注于当前的事情并在某种程度上把其他无关的事情从头脑中排除出去，那么，他既搞不好事业，也享受不到乐趣。

（七）外表形象是一封“介绍信”

1747年7月30日（旧辑），伦敦

已有四趟邮班未接获你的来信或哈特先生的来信。我估计是由于你在瑞士快速旅行无暇写信。

上次给你和哈特先生的信中已说到，米迦勒节前后你到达莱比锡以后，可住在马斯科教授家中，在他的一个邻居家用餐，有几位上流社会的年轻人就在那里用餐。马斯科教授将教授你有关的知识，我希望你不仅要听，还要很专心地去听，去记住。我还希望你学好德语，精通德文。我得给你警告，在莱比锡，我可是有一百名无形的“间谍”在跟踪你，你做了些什么，甚至你大致说了些什么，他们都会向我报告。我希望如此，因为知道了这些细节，我就有证据来夸奖你了。莱比锡有不少优秀的团体，你可以在一天的学习结束后，晚上常去参与他们的活动。那里还有某种宫廷，即库兰女公爵主持的“宫廷”。会有人把你介绍进入该宫廷。波兰国王及其朝臣每年两次去莱比锡观赏博览会。我将写信给查尔斯·威廉姆斯爵士（波兰国王驾前的大臣），请他安排你觐见国王，并介绍你进入一些优秀的团体。但我必须提醒你，你必须注意学习他们的风度，你必须显出良好教养，合乎上流社会的举止，要衣着整洁，彬彬有礼。

你是否注意保持牙齿清洁？每天早晨必须刷牙，每顿饭后也要刷牙。这是非常重要的，这样才能保持牙齿的完好，避免痛苦。我的牙长期遭罪，现在全部脱落，仅仅是因为像你那样年纪的时候未加注意。

你的穿着如何？要穿得好些，但也不必太好。你认为你的气派与风度是否足够反映你自己？你是否既不大大咧咧，又不太僵硬？所有这些事情都值得关注，它们会使有价值的东西更增添光泽。培根勋爵说：一个讨人喜欢的形象，是一封永恒的介绍信。这样的“介绍信”自然是对一个有价值的人物的预先通报，并为他铺平道路。

记住：明年夏天我将在汉诺威见到你。预期你将以完美的形象出现。要是我见不到这样的形象，你我都会不甚愉快。我会用显微镜来观测你，仔细分析你，如此，我便可发现最微小的缺陷与瑕疵。这可是个警告，你要好自为之。

名言佳句英汉对照

A pleasing figure is a perpetual letter of recommendation.

一个讨人喜欢的形象，是一封永恒的介绍信。

（八）要熟悉不同的宫廷礼仪

1747 年 8 月 21 日（旧辑），伦敦

我估计你收到这封信时，也许不在洛桑，但我还是决定冒一下险，因为当你在莱比锡安顿下来以前，我不会再给你写信了。我乘最后一趟邮班寄给哈特先生的信中附有一封给一位慕尼黑要人的介绍信，你要以最恭敬的态度向他呈上这封介绍信，他会把你引荐给选帝侯[①]的家族。我希望你觐见时要毕恭毕敬，显出教养，不窘不迫。鉴于这是你头一次进入一个宫廷，必须事先熟知一切特殊的礼仪，以免出错。在维也纳的宫廷内，人们向君主行屈膝礼，而不鞠躬。法国人对国王从不鞠躬，也不吻国王的手。但在西班牙与英国，则是行鞠躬礼，并吻手。每一个宫廷都有它特殊的礼节，进入宫廷的人必须事先明了，以免铸成大错，出乖弄丑。

名言佳句英汉对照

Every court has some peculiarity or other, of which those who go to them ought previously to inform themselves, to avoid blunders and awkwardness.

每一个宫廷都有它特殊的礼节，进入宫廷的人必须事先明了，以免铸成大错，出乖弄丑。

---

① Elector 选帝侯，历史上，德国选举神圣罗马帝国皇帝的诸侯。——译注

（九）说谎是最愚蠢的事情

1747年9月21日（旧辑），伦敦

我从最末一趟邮班收到你8日（新辑）寄来的信，我毫不奇怪你对艾恩赛得兰的天主教徒的荒唐故事与礼拜仪式感到惊讶，认为是骗人的迷信。但同时你须记住，不管这些错误与歧见是如何重大，它们只是观点上的不同，如果人们还信得很虔诚，那么，也值得我们去可怜他们，而不应是惩罚或嘲笑他们。理解上的盲目同生理上的盲目同样值得怜悯，一个人因理解上的盲目而迷失路途，与因生理上的盲目迷失路途一样，既不能取笑，更不能定为过失。慈悲心要求我们把他引上正路，如果我们通过讨论与劝说能做到的话。但同时，慈悲心禁止我们去惩罚或嘲笑他的不幸。每个人的理智将是也必定是每个人的指针，我也愿意见到每个人都有和我同样的身材、同样的皮肤和同样的理智。每一个人都在寻找真理，但只有上帝才知道谁找到了真理。因此，因为某些人有了那些观点就去取笑他们甚至迫害他们，都是不公平的。因为他们之所以持有那些观点，也是基于他们理智上的传承。一个人说了谎，或行动上有意欺骗，这是犯罪；如果他实实在在地、诚心诚意地相信了他人的谎言，那就不是犯罪。我真的不知道，除了说谎，还有什么别的事可称得上犯罪、卑鄙、荒唐。说谎是恶意、懦弱或虚荣的产物；说谎从来不会得逞，因为谎言迟早总要被揭穿。假如我为了影响某个人的事业编造一个恶意的谣言，我会在一段时间内伤害到他，但确定无疑的是，最终苦的是我自己。因为一旦我被揭穿（绝对肯定我会被揭穿），我将因而受到谴责。并且，今后再有什么对那人不利的话，都会被大家认为是诬陷的不实之词。如果为了开脱我自己所说的话或所做的事而说了谎话，或用模棱两可的词句来推诿（其实与说谎是同样的），以避免我所应得的羞辱与其他危险，我会立刻发现我在恐惧，我是在欺骗，这样只能加重而不能规避羞辱与危险，我将被人看作是人类中最低等、最卑鄙的东西，并且可以肯定，今后将永远背负这样的恶名。恐惧不仅不能规避危险，反而迎来危险。掩饰起来的懦夫比众人皆知的懦夫更受人痛恨。如果某人不幸做了错事，坦率承认是较为高尚的态度，也只有这样，才能受到宽恕。闪烁其词、规避、推诿，都是卑鄙的做法，常常不免被人踢上一脚。

还有一种说谎，倒不怎么得罪人，可是更加荒唐可笑。我指的是出于错误的虚荣意识，夸大其词，最终也不免被戳穿而陷入窘迫的境地。这种人编造自己是杜撰出来的浪漫故事中的英雄，说自己从无人能逃避的危险中逃避出来，说他亲眼见到了他人从未听闻过的事物，说他认识许多美丽的女人，说他一天之内骑马骑了比驿站信差还多一倍的里程。事情很快戳穿，此人便成了众人轻视、取笑的对象。

所以，要记住：你的一生中，唯有真实能使你走遍天下而保持你的道德与荣誉不受玷污。这不仅是你的责任所在，并且同你的利益有关。你可以常常观察到：最蠢的人正是最大的说谎家，这就是明证。至于我，我是从每个人的理解程度来判断他的真实性。

我估计你会在莱比锡收到这封信，我期望你在那里做事情要全神贯注并力求精确，现在，你在这两方面都有欠缺。记住，我会在夏天同你见面，我会仔细地检查你，绝不放过任何错误，其实你完全有能力防止或挽救这些错误。要相信，除了哈特先生，我在莱比锡还有许多双眼睛在盯着你。

名言佳句英汉对照

As long as you live, that nothing but strict truth can carry you through the world, with either your conscience or your honor unwounded. It is not only your duty, but your interest; as a proof of which you may always observe, that the greatest fools are the greatest liars.

你的一生中，唯有真实能使你走遍天下而保持你的道德与荣誉不受玷污。这不仅是你的责任所在，并且同你的利益有关。你可以常常观察到：最蠢的人正是最大的说谎家，这就是明证。

（十）探究人的本性

1747 年 10 月 2 日（旧辑），伦敦

从你上月 18 日（新辑）的来信，我发现你还是个相当不错的风景画家，能描绘出若干瑞士的美丽风光。我为此感到高兴，证明你能留心周围的事物。但我更愿意你成为一名肖像画家，那才是更加高尚的艺术。画肖像画，不仅要注意人物外表的轮廓与色调，更重要的是琢磨此人内在的心智。这项艺术要求更细致地观察与投入，的确有无限的用处。为此，要十分用心地去探索你谈话对象的心灵，努力去发现他们当时主宰的情感、他们主要的弱点、他们的脾气，无论对或错，无论明智或愚蠢，总之是我们人类的形形色色的各种各样的不同类型。这些才是世上的真知识，没有人能对世界做出简单的描写，必须去各处亲历才能认识到真相。在尘封的书斋里埋头写书的学者，只会讲讲汉尼拔的历史故事却不懂战争为何物。宫廷与军营才是认识世界的重要场所。那里拥有各种各样的角色，反映了人类纷繁的不同类型，因教育程度与风俗习惯的不同而千变万化。世界上，人的本性都是一样的，但因文化传统与风俗习惯不同，从而在人性的运作上产生了极大差异，人们必须透过层层外衣方能亲密接触到具体的人性。以野心这种感情为例，每个朝臣、每个士兵或每一名神职人员都有野心，但由于他们的教育背景与习俗不同，他们会采取非常不同的方法去实现野心。待人接物必须有礼，这在各个国家都是一样的，但是，怎样算是好教养，各地的看法就大不相同了，而每一个人都按当地的标准去接受“好教养”。实际上，只要本身不是错误的东西，那么，对此既要坚持又要灵活。灵活性非常重要。有了灵活性，就可以从一种状况即刻转到另一种状况，当然要注意适当的态度。要通过各种办法努力把灵活性学到手，因为这是非常重要的才能。

时不时地见到由他人临摹本人的肖像，是一件大乐趣。我给你寄去一张你在洛桑时被人摹画下来的速写像，画家把此画寄到伦敦，他绝不会想到竟会落到我的手中。这的确太碰巧了。

名言佳句英汉对照

Human nature is the same all over the world; but its operations are so varied by education and habit, that one must see it in all its dresses in order to be intimately acquainted with it.

世界上，人的本性都是一样的，但因文化传统与风俗习惯不同，从而在人性的运作上产生了极大差异，人们必须透过层层外衣方能亲密接触到具体的人性。

（十一）区别真正的友谊与虚假的友谊

1747年10月9日（旧辑），伦敦

像你这样年纪的年轻人，往往过于坦率，容易轻信那些世故圆滑的人。那些无赖对年轻人说他们是他真正的朋友，装扮出满腔热情、无限信任。因此，你要注意，你现已进入社会，就会碰上那种伪装的友谊。对待这种人要十分有礼，同时要十分小心，可以恭维他们几句，但不可付以信任。不要因虚荣自恋而误以为别人第一眼看到你就会把你当成朋友，甚至是知己。真正的友谊是慢慢增长起来的，绝不会突如其来，除非两人已有深入了解，相互看重。年轻人之间还有另一种所谓的友谊，热情一时，过后就忘。这样的友谊是偶然相遇中匆忙建立起来的，有的只是喧闹放荡，纵情声色。有些人借钱给你，却不怀好意。有些人喜欢说三道四，传播流言蜚语。你要牢记，要把同伴和朋友区分开。一个趣味相投的同伴，可能——往往——是一个不合适的、很危险的朋友。人们在很大程度上看你同哪些人交往来对你做出评判，这不是没有道理的。有一句西班牙谚语说得好："告诉我，你同谁住在一起，我就知道你是什么样的人。"

完全可以料到，一个把朋友当成蠢人耍弄的人，必定有许多坏招。因此，在摆脱这种假朋友的时候，要注意不要刺痛他们，与之反目成仇。这种人是很多的，我宁愿中立，不同他们结盟，也不愿和他们成为敌人。同他们结为仇敌的危险性仅次于同他们结为朋友。要同几乎所有的人保持一定距离，又不要使人看出你同他保持着距离。

除了慎重选择朋友，选择同伴也要慎重。应尽可能把比你强的人作为同伴，与他们为伍，你可获长进；与不如你的人为伍，只可能沉沦。不要误解，以为我指的是出身门第的高低。出身门第是最不重要的考虑。我指的是他们的才华，以及世人对他们的评价。

同伴中会有两种类型。一类是花花公子，其中有些人能出入宫廷，很会享乐；另一类是有真才实学、出类拔萃的人物。以我来讲，我一直把比我强得多的人作为同伴，例如艾迪生先生、波普先生，以及欧洲的各位王侯。我所指的必须尽力避免结交的同伴，是指那些不知自尊自重，把同你结交引以为荣，对你逢迎拍马以图达到他们私人目的的人。世上没有再比同这类人结交使自己变坏更快的途径了。

名言佳句英汉对照

Real friendship is a slow grower and never thrives unless engrafted upon a stock of known and reciprocal merit.

真正的友谊是慢慢增长起来的，绝不会突如其来，除非两人已有深入了解，相互看重。

（十二）发现和赞美别人的优点

1747年10月16日（旧辑），伦敦

赞美别人是一项十分重要的本事，很不容易学到。很难归纳出几条规则，你须凭你自己的见识与观察去获得，这比我来教你更好。你喜欢别人怎样赞美你，你就怎样去赞美别人，这是最可靠的方法。仔细观察别人是如何赞美你的，你用同样的做法也可以去赞美别人。如果别人赞扬你脾气好、品位高，使你觉得高兴；你照样赞扬别人，也会使别人高兴。

对于群体，也要注意不同的特点。要把握住每个群体的不同主调，不必由你去决定。你可以在群体中表现出认真、快乐、随和。不要夸夸其谈，夸夸其谈最是无聊，惹人厌烦。如果你真听说某件新闻，同当前的谈话主题很合拍，那就尽可能最扼要地讲出来，即使这样，也要显得你并不喜欢讲别人的事情。最重要的是，不要在交谈中显出自高自大的样子，千万不要以为你自己关心的事情别人一定也关心。其实你所喜欢的，别人也许会认为烦琐、无聊。无论你自认为自己有何出众的地方，也不要在同伴中自夸。如果你真有什么出众的本领，无需你自己指出，别人也会认识到，这对你更有利。千万不要与人辩论得面红耳赤，尽管你自认为正确。只需谦和地、冷静地发表你的观点，这才最能说服人；如果对方不服气，可以改换谈论的话题，心平气和地说："看来我们谁也说服不了谁，其实也不必争长论短，还是谈谈别的事情吧。"

要记住，所有的群体中，通常都有地方性的特点，此一群体中极具特色的共同爱好，在彼一群体中未必被高度欣赏。许多人常常会犯错误——他们发现在一个群体中所讲的事情引起了大家的兴趣，便在另一个场合重复讲述，结果被认为乏味甚至得罪了人，这就是选错了时间，找错了地方。"我来对你们讲一件最有意思的事情""我来跟你们讲讲世上最好的事情"——这样的开场白是最愚蠢的。这样说虽然能提高人们的期望，但如让人彻底失望，讲话的人只能被视作蠢人。

如果你想从某些特殊人士那里获得特别的好感与友谊，无论男士或女士，你都应该尽力找出他们身上出众之处（如果他们有的话）以及他们的弱点（每个人都会有），有的可以公正地赞扬，有的比公正赞扬还可以说得更好些。男人有各种超出众人的优势，至少他们自认为如此；他们有了出众之处就想听到别人的赞扬，然而他们最喜欢听到别人的阿谀奉承，至于是否真正做到了出众还大有疑问。

至于女人，通常只有一个超出众人的优势，就是美丽。在这方面，任何逢迎之词都鲜有不被一口吞下的。好在女人身上总能找出一个地方能让人说几句奉承的话。如果这位女士不是美人，她本人也总会在某种程度上意识到这一点，那么，也许她的体形、她的气质、她的诚信，足以弥补面容的缺陷。如果另一位女士体形颇差，那么她会认为她的较好面容足以抵消身材的缺陷。如果体形与面容都差，她一定会为自己的优雅风度而沾沾自喜。的确，风度比美貌更重要这一真理是显而易见的。

不要误解我，以为我要你去说那些蹩脚的、荒谬的阿谀奉承的话，不，绝不能奉承恶行与犯罪，恰恰相反，对恶行与犯罪要深恶痛绝，绝不能鼓励。

在你刚刚进入社会之时，需要了解某些重要的秘诀。我要是在你那样的年纪知道这些就好了。我为此付出了三四十年的代价。如果你能充分领会这些秘诀的好处，我也不必絮絮叨叨了。

名言佳句英汉对照

The art of pleasing is a very necessary one to possess; but a very difficult one to acquire. It can hardly be reduced to rules; and your own good sense and observation will teach you more of it than I can.

赞美别人是一项十分重要的本事，很不容易学到。很难归纳出几条规则，你须凭你自己的见识与观察去获得，这比我来教你更好。

（十三）怎样旅行才有意义

1747 年 10 月 30 日（旧辑），伦敦

我对你从拉蒂斯本寄来的旅行日记极感兴趣。从你的旅行日记可以看出，你每到一处总要观察与询问，这才是旅行的真正目的。许多人马不停蹄地从一个地方跑到另一个地方，只注意到旅行地之间的距离，只注意过夜的小旅馆舒适不舒适，出发之前一无所知，回来之时当然也毫无长进。这种人只留意各地的“西洋镜”（raree-shows），诸如尖塔、大钟、城镇住房等等，经常旅行却无所收获，还不如在家歇着。有些人则不然，他们每到一处总要观察与询问当地的情况，诸如有哪些优势、有哪些弱点、商业如何、工业如何、政府与体制怎样；他们常到最好的群体中去，留意人们的风度与才华。这样的人即使是独自一人旅行，也能大受其益，出发之前就相当聪明，回来之后就更加睿智。

我建议你每逗留一处要拿到介绍该处历史的小册子。这种册子无论多么不完整，总能多少回答你的询问；依靠导游手册，你能更好地从当地民众那里获得更多的信息。举例来说，当你到了莱比锡，拿到某种简要的导游手册（这类书籍肯定很多），向你介绍城市的现状，并涉及市政管理、警察系统、多种优惠，等等，如此，有助于你去同那些最有智慧的人们交谈，以了解更具体的情况。然后你再去了解萨克森州的选帝侯的地位与权力，普芬道夫的书中有简要的历史介绍，可以给你一个总概念，为你指出哪些题目可以做进一步的研究。总之，对每一件事都要有好奇心，从而去关注、去探究。兴味索然或懒懒散散是该受责备的，尤其在你这个年纪，更是不可宽恕的。今后的三四年对你一生的事业太重要了，切不可浪费宝贵的时间。我不是要你将整天时间都用来学习，我不是这个意思；但我希望你在一天之内总要做这样的或那样的事，切莫虚掷光阴。譬如说，一天之内，在学习与娱乐之间，总有不少短暂的空隙，与其在空隙时间枯坐着打哈欠，不如随手抄起一本书来浏览，哪怕是一本毫无名气的书，甚至是一本“笑话大全”也行，总比你坐在那里无所事事要好些。

我并不把娱乐看作是偷懒或认为是浪费时间。娱乐是一个有理智的人所应享受的乐趣。你应有相当一部分时间用在娱乐上，例如去有名的景点观光，参与一些群体活动，参加开心的晚宴，甚至参加舞会；但在做这些活动时，也应留意增长见识，否则就白白地把时间浪费掉了。

许多人自以为把全天的时间都利用起来了，可是，当他们在晚上总结一天的收获时，发现竟是一无所得。他们用两个小时、三个小时机械地读书，不用脑子思索，结果是既记不住书中的内容，也不能举一反三。他们也闯进一些群体中去，但心不在焉，既不观察人们的不同个性，也不关心谈话的题目；常常是注意那些无关宏旨的细枝末节，或者是根本不去思考任何问题，这种愚蠢的懒散态度，称之为“心不在焉”（absence）或“精神恍惚”（distraction）是最恰当不过的了。

务必请你在娱乐方面也要同学习一样专心。在娱乐时，要对所有见到的人、听到的事仔细关注；千万不要像成百上千的蠢人那样，总在重复一些别人已讲过的话，不管四周的人爱听不爱听。无论你到什么地方，你的眼睛、你的耳朵一定要跟着你。倾听所有人的讲话，审视所有已做的事。观察说话人的面部表情，是鉴别他们说话真假最可靠的办法。但是，要把你的观察所得藏在你自己心里，切莫同他人交流。要注意观察又不要让人发觉你是个“观察家”；否则的话，别人对你就有防范了。亲爱的孩子，我恳求你，把我的种种忠告认真地考虑、切实地执行。我所给你的忠告，以及今后还要不断给你的忠告，都是我长期生活经验的积累。我完全是为了你好。也许你目前还体会不到这些忠告的重大好处，以后总有一天你会认识到。

名言佳句英汉对照

In short, be curious, attentive, inquisitive, as to everything; listlessness and indolence are always blameable, but, at your age, they are unpardonable.

总之，对每一件事都要有好奇心，从而去关注，去探究。兴味索然或懒懒散散是该受责备的，尤其在你的年纪，更是不可宽恕的。

（十四）亲子之爱

1747 年 11 月 24 日（旧辑），伦敦

我常给你写信，尽管我也怀疑这些信对你是否有用，或仅仅是在浪费纸张、浪费精力。这就要看你的理智与反应能力，能否全力以赴去加以实践。如果你拿出时间来，并有足够的见识，去好好想一想，有两点你必然会想到。首先，我拥有许多经验，而你则缺乏经验。其次，我是世上唯一同你毫无利益冲突的人（直接的或间接的），我关心的只是你的利益。从这两条无可辩驳的原因出发，明显而又重要的结论是：为了你自己，你应该关注并听从我的忠告。最明白不过的是：我除了对你的关爱外，别无其他动机。因此，你在今后若干年内应当把我当成是你唯一最好的朋友。

真正的友谊要求在年纪上、气质上大体相当；如果距离太大就不会建立起友谊。唯一的例外是父母同子女之间，因感情、因关爱弥补了双方的差别。你同年龄相仿的人结为朋友，这样的友谊可能是真诚的，也可能是一时冲动的，但必然在某些情况下相互都得不到益处，因为双方都缺乏经验。年轻人引导年轻人，就像是盲人引导盲人（两个盲人都会翻进沟去）。最可靠的引路人，是那些已经走过你要去走的路的人。让我来做你的引路人，我已走过无数的路，我能指引你走上最好的路。如果你问我为什么也走错过路，我最真诚地回答你，正因为我缺乏好的引路人。坏榜样引我走上一条路，好的引路人则指给我另一条正路。我的父亲既不想指导我，也不能指导我。但是，我希望你不会那样看待你的父亲。你应当明白，我只是运用言词来指引你，因为我最希望通过你自己的理智来接受我的忠告，而不是勉强地服从我的权威。我相信你是有见识、有理智的，因此我会继续不断地向你提出忠告与建议，希望你会得到成功。

你目前在莱比锡逗留，主要应关注有关书籍和科学的知识。如果你此刻不去掌握这些知识，你的一生将在无知中度过。相信我的话：无知的一生不但是十分无聊的一生，而且也是活得很累的一生。为此，你应加倍专心研读哈特先生讲授的人文科学，尤其是希腊文化。如遇困难，就明摆出来，不要跳越过去（或由于错误地怕丢面子，或由于懒惰的心理）。在听马斯科教授或其他教授讲课时，同样要加倍专心，不要放过任何细节，直到你彻底弄懂，并训练自己经常写下你的心得。

今天，我托人把你妈妈准备的一个小包裹带去莱比锡，其中有一些贵重物品，我添加了一只非常漂亮的牙签盒，作为新年礼物送给你。顺便说说，务必请你注意牙齿健康，使牙齿保持绝对整洁。

名言佳句英汉对照

Take my word for it, a life of ignorance is not only a very contemptible, but a very tiresome one.

相信我的话：无知的一生不但是十分无聊的一生，而且也是活得很累的一生。

（十五）时间的真正价值

1747年12月15日（旧辑），伦敦

我最盼望你明白的一件事，就是时间的真正用处与价值，世上只有很少的人明白这个道理。每个人口头上都讲这个道理，但真正行动起来的却寥寥无几。所有的蠢人都把全部时间浪费在无所事事、闲言碎语上，然而也会时不时地说些人尽皆知的老生常谈——这样的语言可以百万计——来证明时间的珍贵和转瞬即逝。欧洲各地都有日晷，上面镌刻着某些箴言警句，以便使人们见到这些箴言警句便提醒自己很好地利用每天的时间，因为时间一逝便无法追回。但是，所有这些劝告都无用处，因为没有充实的见识与理智便无法从中获得启示，更不用说全部接受。由你所说的情况来看，我十分高兴你具有足够的见识与理智，这是一笔于你十分有用的财富。因此，我不打算就时间的利用或滥用写给你一篇论文，我只想就如何利用今后两年这段特殊时间的问题提一些建议。请记住：在你十八岁以前，如果哪门学问还没有打好坚实基础的话，那么，你这一辈子就休想精通那门学问了。知识是我们上了年岁以后一个必需的、舒适的休憩所，如果我们不趁年轻时把这个休憩所搭建起来，等我们年老以后，便将无处安身。我既不要求也不期望你一投入社会中去就有满腹的学问。我知道这是不可能的，也许从某些角度来说，这样的要求是不恰当的。关键在于把握你的时间、你仅有的时间，利用时间不能过于疲劳，不能受到干扰。如果有时你感到有些劳累，就要想到劳累是人生旅程中无可避免的代价。一天之中你运用的时间越多，你到达目的地的时间越快。我来同你做一桩极好的交易：如果你做到了我所要你做的一切，那么，到了你十八岁以后，我将为你做你所要我做的一切，我说话是算数的。

我认识一位绅士，他是个时间的真正主宰者，连短暂的时间也不肯损失。人的生理条件迫使他去卫生间，而他在卫生间里也要读一些拉丁文的诗。例如，他买本贺拉斯的诗集，每次上卫生间就从书上撕下几页来带进去读，然后把这几页书扔进马桶。他就这样获得了很多时间。我建议你把他作为榜样来学习。这比在那些时刻什么也做不了要好些。科学书籍及其他有分量的书籍，当然需要连续不断地研读。但是，也有许多书，甚至是很有用的书，完全可以像吃快餐那样浏览一番，虽不连贯，也仍可得益。例如：拉丁文的诗以及现代诗，只用七八分钟就可以读完。这样，就可以把一些空闲的间歇利用起来了。

名言佳句英汉对照

Knowledge is a comfortable and necessary retreat and shelter for us in an advanced age; and if we do not plant it while young, it will give us no shade when we grow old.

知识是我们上了年纪以后一个必需的、舒适的休憩所，如果我们不趁年轻时把这个休憩所搭建起来，等我们年老以后，便将无处安身。

（十六）如何完整地掌握一门语言

1747年12月29日（旧辑），伦敦

我收到你17日与22日写来的两封信（新辑），从后一封信来看，你没有收到我的信，因为我从来没有相隔两个邮班未给你或哈特先生写信。我还收到

了哈特先生的信，使我极为满意，信中充满对你的表扬。他告诉我，在这两年之内，你一定能“解放”，在一个能使你增加荣耀的基础上进入社会，并为我增光。

希望你仔细听马斯科先生的讲课。当然你要继续把德文学好。我认为理所当然的是，你在莱比锡居住两年一定可以精通德语，既能说又能写。要记住：学一种语言学得不完整，比根本不学这种语言好不了多少。人们不愿意用他们尚未完全掌握的外语说话；人们也不愿听这种半生不熟的语言。现在你学习的方向很多，对于精通一门外语相当不利。你还应拿出一部分时间来学习现代历史，经常对照地图，地理同历史不可分割，必须结合起来学，方为有用。

只要库兰女公爵欢迎，你也有闲暇时间，即应常去拜访。同上流社会的女士交往，即使增长不了学问，也可以改善你的风度。

要牢牢记住，我已对你讲了一千遍，世上有各种各样才能的人如果得不到有教养人士的青睐，如果缺乏风度、缺乏优雅、不能使人在第一眼见到你时就有好感，那么，他的才能就将失去光泽，甚至派不上用场。适当注意你的外表，这是绝不应该忽略的。永远保持整洁，某些场合还应穿着讲究。你的举止应当从容，你的动作应当优美。当你出席聚会时，要特别注意你的风度与语言。一定要使人们尊重你而不鄙视你，要轻松又不要过于亲热，要彬彬有礼而又不装模作样，要讨人喜欢又不要让人感到你是在耍手腕、别有所图。

希望你的来信可以写成一种旅行日记。譬如说，你同哪些人常有来往？又认识了什么样的好朋友？你有哪些娱乐活动？讲讲你对各种事物的观感。还有，你读了哪些希腊文的书籍与拉丁文的书籍，有什么心得？

名言佳句英汉对照

Take particular care of your manner and address, when you present yourself in company. Let them be respectful without meanness, easy without too much familiarity, genteel without affectation, and insinuating without any seeming art or design.

当你出席聚会时，要特别注意你的风度与语言。一定要使人尊重你而不鄙视你，要轻松又不要过于亲热，要彬彬有礼而又不装模作样，要讨人喜欢又不要让人感到你是在耍手腕、别有所图。

第二部分

1748 年

Whatever you do, do it to the purpose; do it thoroughly, not superficially. Any thing half done or half known, is, in my mind, either done nor known at all.

无论你做什么事，都要秉持初衷，务求彻底，切勿敷衍了事。在我看来，任何事情只做一半，等于未做；对任何事物只知一半，等于不知。

（一）每个人都有他的长处值得你学习

1748年1月2日（旧辑）

你在莱比锡能从早到晚这么好地支配时间，使我颇感安慰。有些蠢人会说，你没有自己的时间了。而我确信你有足够的见识明白你利用时间如此之好，对你自己是有益的。不，更有甚者，它将积累成重大利益，在短短数年内，更将成为一笔极其可观的本钱。

尽管你的十四位同学也许不都是最活跃的人，但你切莫显出轻视或做出什么可笑的事来。相反，你应当努力学到他们的长处，因为每个人总有这样或那样的长处。至少，能使你改善德语水平。鉴于他们来自各个不同的地方，他们一定会告诉你某些有用的信息。至少，他们知道一些各地的法律、习俗、政府以及世家的情况，知道这些情况总比不知道要好，还能启发你去深入探寻。每个人不可能在各方面都优秀，但也很少有人没有任何的长处。一位优秀的化学家能从所有的实物中提取精华；一位有才能的人因有技巧与灵敏的感觉，也会从每一个谈话对象的言语中找出值得知晓的东西。

鉴于你已被引见给库兰女公爵，只要时间允许，你务必常去拜访。据我所知，女公爵有极深的教养，极有才华。尽管我敦促你去参加女士的聚会，但并不期待你通过聚会在学识与判断力方面有所长进；然而，在其他方面还是有益处的。如可以“抛光”你的仪态，学会某些“tournure”（法语：姿态）；这在社交活动中是非常必要的。

我不知道你的晚餐是否丰盛，但你必须吃得结结实实。一夸脱[①]的汤，两

① 英制一夸脱（quart）约为1.1365升。——译注

磅马铃薯，可使你度过一夜而不致急切盼望明日的早餐。马铃薯是我乡同胞最常吃的食品。据我所知，爱尔兰人是世界上最健康、最强壮的人。

我相信，我写给你或哈特先生的许多信都邮失了，你和哈特先生写给我的某些信也同样邮失，特别是他从莱比锡寄出的一封，因为他随后提到那封信，而我从未收阅过。因此，你今后写信最好注明日期，我的去信也将注明日期。我收到你最近的一封信是 11 月 25 日（新辑）写的，上一封信的日期我已遗忘，那封信中还附有给你母亲的信，她将很快回信，感谢你的来信。

我身体不适是伤风感冒之故，现已痊愈，不必挂心。

名言佳句英汉对照

There is hardly anybody good for everything, and there is scarcely anybody who is absolutely good for nothing.

每个人都不可能在各方面都优秀，但也很少有人没有任何的长处。

（二）早日选定供职目标

1748 年 1 月 15 日（旧辑），伦敦

鉴于你不想在皇家内阁中担任助理，又想在英国谋一份职业，你是否愿在一所大学中担任希腊史教授？这是一个工作清闲而报酬相当优厚的职位，无需精通希腊语。如果你不赞成此事，我也不知该向你提什么建议了。等你想好了要做什么工作就通知我，因为现在已到了把这件事定下来的时候，今后方可采取相应的步骤。哈特先生告诉我，你打算成为……（原文空缺），我估计这是意味着继承我的职务[1]，那么，我非常愿意由你来接替我，到时候你打招呼就是。但是，如果你想成为……或……（原文空缺），那么，有一些细微的环境条件你必须事先解决好。首先，你必须符合相关条件，为此你必须熟悉古代历史与近代历史以及各种语言。要深入了解每个国家的政治制度、宪法，了解各古代帝国与近代帝国的兴亡，找出并研究其发展兴替的轨迹。要了解每个国家的实力、财富与商贸。这些小事看似烦琐，却是一个政治家所必须知晓的。为此，我相信你会去努力钻研。还应有其他一些条件，如严格控制你的脾气，任何情况下都不会冲动行事；要有耐心，要能倾听那些琐碎的、不合理的、荒谬的请求；予以拒绝时不要得罪人；允诺时使请求者加倍感激；要十分灵巧地隐瞒真相而又不至于说谎；要足够聪慧去理解人们的表情又不让人们察觉你自己的表情；要显出坦率，实际上有所保留。这些正是作为一名政治家的必备品质。

名言佳句英汉对照

Make yourself master of ancient and modern history, and languages. To know perfectly the constitution, and form of government of every nation ; the growth and the decline of ancient and modern empires ; and to trace out and reflect upon the causes of both.

你必须熟悉古代历史与近代历史以及各种语言。要深入了解每个国家的政治制度、宪法，了解各古代帝国与近代帝国的兴亡，找出并研究其发展兴替的轨迹。

---

① 内阁大臣。——原注

（三）凭实力晋升是较优的选择

1748年2月9日（旧辑），伦敦

给你写这封信的人已不再是一位内阁大臣，而是一位赋闲在家的人了。因为，到了他的年纪，对他最适宜、最需要的就是平静，而工作与活动则是你这样的年纪以及未来许多年内的事情。上星期六，我向国王递交了辞呈，国王带着遗憾（我可以加这个词，因为我听到了他轻声地这样说）十分亲切地同我告别。我已告别忙碌，回归平静，我将享受轻松、舒适的个人生活与社交活动。你可以轻易想象到，我如今感到快活，且是以前从事公务时期从未有过的快活。

我喜欢与你通信，超过同欧洲各国的国王们、亲王们与大臣们通信，如今我有了空闲时间可以多给你写信了。我确信，我给你写信时是高兴的，你在读信时也是高兴的，而公务信件就很少会有相互让对方感到高兴的情况。

不要把我的辞职看作是对你今后某个适当时机一展宏图的障碍。恰恰相反，这将对你更加有利。因为，我自己已无他求，所以可以为你求情。但是，你有比这样的提升更可靠的路径，那就是依靠你自己的实力，使你自己成为不可缺少的人才。你有天生的才华，自我推荐便可达到目的。在英国，总的来说，都忽视外交事务，很少关注其他宫廷的利益、观点、政策以及相互间的权利要求。大臣们很少考虑这些问题，教育部门也忽视教授这方面的学问。在一些外交会议中，比起欧洲其他各国，英国很少能提出恰当的议题。议会中讨论外交问题时，你想不到他们会那样地无知。外交事务的收获很大，而外交工作人员却如此之少。如果你掌握了外交知识，你会首先成为外交部驻外大使，然后成为外交大臣。

名言佳句英汉对照

My letters to you will be written, I am sure, by me, and, I hope, read by you, with pleasure; which, I believe, seldom happens, reciprocally, to letters written from and to a secretary's office.

我确信，我给你写信时是高兴的，你在读信时也是高兴的。而公务信件就很少会有相互让对方高兴的情况。

（四）做事务求彻底

1748年2月18日（旧辑），巴斯

我赋闲后的头一个选择即来到巴斯，昨日已抵达此地。我的身体尽管没有什么大毛病，但近年来缺乏适当关注，也需要作些修养，这里的温泉正可使我受益。我将在此逗留一月，然后回伦敦去享受舒适的社交生活，不再有繁重的公务负担了。

我并不为过去度过的欢乐时光感到遗憾，这些享乐活动是理性的，是年轻时的乐趣，而我当时正是个年轻人。如果从前我没有享乐过，现在我或许会高估了享乐。但是，我对享乐已有了解，明白它们的真正价值，并且知道人们通常都对它们估计过高。我也不为过去度过的繁忙公务时光感到遗憾，道理也是一样的。那些只从外表看事物的人，总以为有些迷人的东西被隐藏起来了，于是为了追求这些东西奔跑得喘不过气来。其实，知心朋友是不会欺骗他们的。我就是个“过来人”，包括事业与享乐两方面。我曾见过所有那些使观众惊讶得目瞪口呆的喷泉与其他装饰得有吸引力的东西。如今退休了，不仅

不觉得遗憾，反而觉得心满意足。不过让我有所遗憾的是，我在年轻时因无所事事与懒散而损失了时间。这是年轻人的通病。我恳求你要注意抵制这种通病。分分秒秒的价值，如果利用得法，累积起来极其可观；如果任意浪费损失则无法挽回。每一分钟都有它的用处，同时也给人带来乐趣。不要以为让你充分利用时间是让你毫不间歇地学习。不，适当的娱乐既必要又有用。娱乐可以使你了解时尚以适应社会，可以使你了解人们的不同性格，在人们最无戒备的状态下了解人性。我认识许多人，无论做事或娱乐都同等地不用脑子，因此既做不好事业，又不会享乐。他们自以为是会享乐的人，只因为他们同享乐的人混在一起；他们自以为是事业有成的人，只因为他们常同事业有成的人有业务上的往来。无论你做什么，都要秉持初衷，务求彻底，切勿敷衍了事。在我看来，任何事情只做一半，等于未做，对任何事物只知一半，等于不知。

现在，你是在一个路德教的国家，你要到他们的教堂去，观察他们的礼拜仪式，不了解的地方可随时向他们询问。等你能听懂德语时，就去听牧师的布道，观察他们是如何讲经劝善的。了解一下他们教堂管理层的结构，有无教会会议、教会法庭？神职人员的薪俸靠什么来支持？是像英国那样靠收什一税，还是靠信徒的自愿奉献，还是由政府发放年金？你去罗马天主教堂也要做同样的调查，还要了解晨祷、辰时经、六次经、七次经、奉告祈祷钟、大弥撒、晚祷钟、晚祷等等。要了解牧师品级、创建者、教规、誓约、修道士服装、收入来源。但是，当你进入公众礼拜场所时（我希望你去各种不同的教堂），要记住，不管你看到的事物有多么荒谬，千万不能发笑、嘲讽。每一个教派都认为自己的礼拜仪式是最佳的，世上无人能做出判断，究竟哪一种礼拜礼式最为合理。

你到什么地方都应了解政府收入、军事组织、贸易、商业、治安，你应随身带一个记事本，以便随时摘记。

有一个方面我几乎忘了说，那就是司法制度。鉴于常有公开的法庭审判，我希望你常去参加，给予关注并不时询问。

最后一个我最关心的人，就是你。我希望你成为一个完美的人（我知道世上并无完人），但这是不可能做到的，那么希望你尽可能做到完美。我知道没有人比你有更好的条件，只要你愿意去努力。没有人比你接受的教育更严苛的了，也没有人比你有更多的机会去获取知识。对此，希望、期盼与疑虑、恐惧不断在我心头交替涌现。但我确信无疑的是，你会证明你的艰苦奋斗是值得的，你最大的欢乐是会来到的。

名言佳句英汉对照

Whatever you do, do it to the purpose; do it thoroughly, not superficially. Any thing half done or half known, is, in my mind, either done nor known at all.

无论你做什么，都要秉持初衷，务求彻底，切勿敷衍了事。在我看来，任何事情只做一半，等于未做；对任何事物只知一半，等于不知。

（五）过犹不及

1748 年 2 月 22 日（旧辑），巴斯

每一种优点，每一种美德，都有它同源的缺点与恶行；只要超过了一定的界限，便走向另一方。慷慨常常成了浪费，节俭成了吝啬，勇敢成了莽撞，谨慎成了怯懦，如此等等。有鉴于此，我认为应当有正确的判断，以确认美德的适当尺度，而避免堕入相反的恶行。恶行的本来面貌就是丑陋的，人们头一眼看到即会受到震惊，因此只要它们最初未戴上美德的假面具，对我们几乎没有诱惑力。然而，美德的形象是如此之美，头一眼见到它们就会感到它们的魅力，促使我们日甚一日地去接近它们，认为其他美好的东西再也不可能超过它们。这时，就需要有正确的判断来指导。拿掌握高深的学问来说，如果缺少智慧的判断，常常导致错误、迂腐或墨守成规。

有些有学问的人炫耀自己的才学，夸夸其谈，却不能解决实际问题。人类常常因此遭受压迫而无能为力，甚至为摆脱专制还去诉求权威性可疑的法律手段。你的学问越多，越应谦虚，谦虚是矫正虚荣最可靠的途径。尽管你十分肯定，也宁可有几分怀疑；可以提出异议，不必断然否定；要想说服别人，首先要自己确信无疑。

还有一类炫耀才学的人，其实只懂得书本，谈古代滔滔不绝，谈现代一无所知。他们只会套用古老的训诫，不解决现实问题，在此以前的十七个世纪都是这种状况。我不是劝你抛开古代，而是要你不拘泥于古代。讲到现代，不要轻视；讲到古代，也不要缺少崇敬。按价值来做评判，而不是凭年代是否久远。

有些大学者十分荒谬，他们引经据典、将古比今，但却没有想一想，首先，自从开天辟地以来，从来不会有两件完全相同的事情；其次，历史上所讲的故事从来不说明当时当地所处环境的每一个细节，必须明了这些才能做出分析。有时，两件案例看起来十分相近，但也只能拿来作为参考而不能当成指针。由于我们受到的教育会产生偏见，古代人当成英雄的人，在我们看来可能只认为是莽汉。

总而言之，要记住，学问（我指的是有关希腊、罗马的学问）是很有用的、必不可少的勋章，如果不能掌握，是大感羞愧的；同时必须十分注意避免我所讲到的对学问的滥用、错用。还须记住：现代知识比古代知识有用得多，重要得多；你应更完整地了解现代的欧洲，而不要多花精力于古代的欧洲，当然，但愿你对二者都很熟悉。

名言佳句英汉对照

Every excellency, and every virtue, has its kindred vice or weakness ; and if carried beyond certain bounds, sinks into one or the other. Generosity often runs into profusion, economy into avarice, courage into rashness, caution into timidity, and so on.

每一种优点，每一种美德，都有它同源的缺点与恶行；只要超过了一定的界限，便走向另一方。慷慨常常成了浪费，节俭成了吝啬，勇敢成了莽撞，谨慎成了怯懦，如此等等。

（六）读史使人明智

1748年3月25日（旧辑），伦敦

我非常高兴最近收到一封书信与一件口信。前者来自哈特先生；后者来自特里文尼翁，他刚到伦敦。他们两人竭力使我相信，你在莱比锡对时间抓得很紧。我很高兴出于自身的利益与兴趣，你能做得如此之好。你在这两年中所获得的知识对满足你的利益与兴趣同等重要。我更高兴的是，你已把你的注意力转向与你未来事业有关的方面。哈特先生告诉我，你已读过黎塞留的书。雷斯枢机主教的《回忆录》对你也很有用，它讲述法国历史上一个十分有趣的时期，还讲到路易十四时的枢机主教马萨林。这些书籍中，对当时所有著名的人物都作了简明扼要的描绘。我认为书中对他们在政治上的评价也是中肯的。这些书不是凭空想象出来的，而是根据作者们自己的长期经历与伟大事业的实践总结出来的。这些是真正的结论，是从事实而不是从推测得出来的。

至于近代历史，与你的事业特别有关，我将给你讲几条原则以指导你的学习。较适当的是，从公元800年的查理曼学起。只是由于当时是无知的时代，几乎只有僧侣才能写作，所以现在我们所能读到的历史差不多都是他们写的，其中存在不少愚昧、迷信与党派偏见。此后的五六百年总的来说都是这种情况。对你来说最重要的学习是从十五世纪开始一直往后。此后所写的历史书就是可信的了。欧洲开始逐步形成，至少有了现代几个大国的前身。法国的路易十一是个真正的专制君主。在他之前，法国只有一些独立的小诸侯国，如布列塔尼公国，等等。这些诸侯王子把土地分成零碎的小片，路易十一用计谋、武力、婚姻关系把这些小国统一起来。

在此前后，阿拉贡的国王费迪南多与他的妻子伊莎贝拉（卡斯蒂利亚的女王）联合组成西班牙王国，把摩尔人逐出西班牙，当时，摩尔人占据着格拉纳达。

也在此前后，奥地利王室通过联姻等手段逐渐强大。首先，马克西米利安同勃艮第的女继承人联姻，然后是他儿子腓力（奥地利大公爵）同西班牙女王胡安娜（伊莎贝拉的女儿，她是整个王国以及西印度群岛的女继承人）的联姻。由于头一个联姻，奥地利王室（哈布斯堡王室）获得十七个省；第二个联姻则获得西班牙与美洲；所有这些地方都集中传给了查理五世，即上述腓力大公（马克西米利安的儿子）的儿子。

查理五世自以为掌握了巨大势力，还渴望更大的势力，这便使法国警觉起来，由此种下了这两个大国之间相互猜忌与敌视的种子。后来，查理五世把他的疆土分给他的儿子西班牙国王费利佩二世以及他的弟弟斐迪南，从此以后，哈布斯堡王朝开始走下坡路，日渐式微，直至今日。这是欧洲历史最有趣的部分，你很有必要仔细研究，对这些了然于胸。

大多数欧洲国家在历史上总有某些十分重要的时期，需要特别注意去探究。例如在西班牙国王费利佩二世统治时期发生了十七省叛乱，其结果是形成了现有的“七省联合共和国”，那是通过《明斯特条约》，西班牙允许它们独立的；例如1640年发生葡萄牙独立，其结果有利于现在的布拉干萨王室；例如著名的瑞典革命，当时，丹麦国王克里斯蒂安二世同时也是瑞典国王，瑞典在居斯塔夫·瓦萨的领导下，把克里斯蒂安二世逐出瑞典；再如1660年是丹麦不能忘记的一年。当年，丹麦王国的各州把所有的权力全部自愿地交给王室，原先的自由州已变成了欧洲如今专制的君主国。这些近代历史中的重大时期，值得你特别关注，相关的历史著作值得你去仔细阅读。有关瑞典与葡萄牙的革命，有一部由德·佛都神父写的书，有精彩的描述，篇幅不长，十二小时内可读完。另有一部书很值得一读，但你目前不必去购买，因不便于携带，如有可能，可去借阅或租阅，那就是两卷本的法文《和约历史》。你可在此书中读到欧洲17世纪以来的简明历史及所签订的和约。书中四分之三的篇幅是无关紧要的条约，你不必去读；应选择一些最重要的条约仔细研读并作摘记，这将对你十分有用。尤其要注意涉及欧洲几个大国间的条约，例如法国与西班牙签订的比利牛斯条约，还有纳马根条约与雷斯威克条约；但最重要的还是明斯特条约，你必须仔细研究，务求详尽。

在结束此信时，特提出以下问题，请你回答，以便使你我都了解正确的答案：

萨克森有多少步兵连？每连有多少士兵？

萨克森有多少骑兵与龙骑兵？每队有多少人？

步兵连有多少有军衔的军官？多少无军衔的军官？骑兵队与龙骑兵队各有多少？

萨克森的步兵、骑兵、龙骑兵，每日工资几何？

（七）人生的黄金十年

1748年4月1日（旧辑），伦敦

已隔了三个邮班未收到你或哈特先生的来信，恐怕是邮班出了事故。只要没有听到相反的情况，我就估计你一切都好。此外，我已多次对你说过，比起关心你的身体，我更关心你在做些什么。你没有写信来，我估计你在做比写信更重要的事情。在你这样的年纪，只要保持节制，就会保持健康。一方面不节制，另一方面又吃药，是违反自然的。当然，需要体育锻炼，使你更具活力。应观察有教养的头脑同无教养的头脑的差别。我确信，对于你来说，提高修养不会占去你很多时间，也不会使你感到很难。一名马车夫也许生就一副好身体，同弥尔顿、洛克或牛顿的身体一样，但是，从文化教养来说，三位巨人远在马车夫之上，就像马车夫在辕马之上。的确，有时，特殊的天才是天生的，并非受益于教育，但这种例子太少有了；即使是这样的人，如果接受教育到了极致，必有更大得多的成就。如果莎士比亚的天才得到更好的教养，那些我们十分欣赏的美妙诗句中就不会掺杂着常常见到的过分夸张与粗俗的语句。人们通常因在15~25岁之间接受的教育不同、交往的人群不同，而铸成不同的自己。因此，你未来的八九年是一个十分重要的阶段，你的前途有赖于此。我诚恳地对你说，我的希望与我的恐惧都在你身上。我想，你也许会成为一名优秀学者，那你就必须积蓄各种各样的丰富知识；但我担心你会忽略被认为不重要但其实很重要的东西。我所指的是：雍容不迫的风度、受欢迎的外表与坚持不懈的韧性，这些是真正的、实实在在的优点，不懂世事的人才把它们看成是琐事。有人告诉我，你说话很快，语意不很清楚，这是

很不好的习惯，务必加以改正。话要说得很清楚，这才能使话语本身更有力量。我认识一些人士发表演说口齿不清，听众也大鼓其掌，但并非赞赏而是赞赏的反面。

名言佳句英汉对照

People are, in general, what they are made, by education and company, from fifteen to twenty five.

人们通常因在 15~25 岁之间接受的教育不同、交往的人群不同，而铸成不同的自己。

（八）想了解一种文化就融入它的圈子

1748 年 4 月 15 日（旧辑），伦敦

尽管我上次给你去信后，尚未收到你的来信，但我不愿让三个邮班空过而不给你写信。我的感情总在催促我给你写信，我因怀着我的信不会是没有用处的希望而自我鼓励。你收到这封信时，也许正在参观莱比锡游艺会，哈特先生告诉我，你穿着入时，在一群体面青年中尤显风光。这使我很高兴，说明你开始了解上流社会的生活。

宫廷是获得这方面知识的最佳学校。你现在开始接触宫廷外围，而没有其他宫廷能比得上萨克森宫廷的艳丽非凡。设法进入，仔细观察，然后你就可以把你看到的事物来同其他宫廷做比较。尽管你还未能充分了解，也无法判断萨克森宫廷的政治是非与行为准则，但是，你总还可以注意到某些形式、礼仪及某些外在的事物。至少，你可以通过询问，弄明白你所看到的、听到的每一件事情。在娱乐场所，诸如剧院、游乐场，甚至看西洋镜，也要有不耻下问的精神。

每件事物都值得一看；看得越多，越少大惊小怪。

告诉哈特先生，我刚收到他的信，对他的工作表示赞赏，为此感谢他。

我还没有得到我向你提出的许多问题的答案，实在有些焦急了。

名言佳句英汉对照

Everything is worth seeing once; and the more one sees, the less one either wonders or admires.

每件事物都值得一看；看得越多，越少大惊小怪。

（九）学者知识与朝臣风度应完美结合

1748年5月10日（旧辑），伦敦

我估计你收到这封信是在你从德累斯顿回来之后，这是你首次拜访宫廷。这次访问给你留下什么印象，我不得而知，但我确信你有良好的见识，在离开德累斯顿时，不会欣赏他们的挥霍无度。估计你在莱比锡时，总把宫廷的形象想象得较好。但你要知道，一位没有才华、没有知识的朝臣，是世上最轻薄、最可悲之人。然而另一方面，一个有才华、有知识又雍容大度的人，则是最完美的朝臣。有一种陈腐的老生常谈，认为宫廷里充满着尔虞我诈。许多（也许应当说大多数）陈腔滥调是不对的。当然，宫廷里有的是尔虞我诈，但是，又有什么地方不存在尔虞我诈呢？乡村中也有尔虞我诈，同宫廷一样，只不过比之更糟。

一生的忠告

无论诗人如何描写，也无论蠢人怎么说乡村是如何地纯洁无邪、宫廷是如何地完美，无可怀疑的事实是：农夫与大臣都是凡人，他们天生的感情是相同的，只是表现形式不同。

刚才提到陈腔滥调，我要特别提醒你，千万不要相信它们、赞同它们、使用它们。陈腔滥调是那些自以为嘴巧、自以为聪明的蠢家伙的话题，有真知灼见的人最轻视陈腔滥调，在听到那些蠢话时只会加以嘲笑。

老生常谈中另一个似是而非的话题、一种无礼的戏谑，就是谈论婚姻。而我敢冒昧地说，丈夫同妻子相互之间，无论恩爱也好，讨厌也好，都不会超出婚礼上已说过的那些言语。的确，同居为伴是婚姻的必然后果，这种关系究竟使他们更相爱了，还是更厌烦了，无论是何种情况都是他们自己该得的，其实，在未婚同居的男女当中，情况一模一样。

我不怀疑，你对德累斯顿宫廷的短暂访问使你的风度有所改进，我希望你多熟悉一下其他的宫廷，那将渐渐使你"光滑"起来，直到最高程度的"抛光"。在宫廷中，有必要显示你的多才多艺与优雅风度。做一件事情的风度常常要比事情本身还重要。同样一件事情，说得好，做得好，就让人高兴；说得不好，做得不好，也许就得罪人。拿雕像来说，金属本身如金、银等，是值钱的，但雕刻家的手艺比金属本身更值钱。

一个人，既没有才华，又没有丰富的知识，偏要进宫廷去做事，那只能成为最可笑、最可怜的人物。他就像一部机器，比一架大座钟好不了多少。大座钟到了时间就宣布：现在是早晨接见的时候了、现在是午饭时候了、现在是晚饭时候了……你受教育的最终目的，我将很高兴的是（如果愿意），把一位学者的丰富知识同一位朝臣的翩翩风度结合起来，也就是把书本同世界联系起来。我要求你再勤奋地、不间断地学习一年，此后，你会有充分的时间去娱乐。一天有数小时足够用来学习，其余时间，没有比花在结交好朋友上更好的了。

名言佳句英汉对照

Having mentioned commonplace observations, I will particularly caution you against either using, believing, or approving them. They are the common topics of witlings and coxcombs; those, who really have wit, have the utmost contempt for them, and scorn even to laugh at the pert things that those would-be wits say upon such subjects.

刚才提到陈腔滥调，我要特别提醒你，千万不要相信它们、赞同他们、使用它们。陈腔滥调是那些自以为嘴巧、自以为聪明的蠢家伙的话题，有真知灼见的人最轻视陈腔滥调，在听到那些蠢话时只会加以嘲笑。

（十）美德、学问与风度

1748 年 5 月 27 日（旧辑），伦敦

今年与明后两年，是你一生中十分重要的阶段，我不得不重复说说我的规劝、我的指令，以及我最诚挚的恳求——要很好地利用时间。现在每损失一分钟，就是损失了那一分钟的好处；另一方面，现在利用好每一分钟，就是为最巨大的利益明智地铺好了路。在这两年中，必须为你应获得的各种知识奠定基础，今后你愿意有更多的积累就可以有更多的积累；但是，今后要想再学一门新的知识，可就太迟了。为此，我求你不要嫌累，不要叫苦，不积累知识你就不能上进，只能成为世上一个无足轻重的小人物。你应考虑自己的处境，你既没有社会地位也没有财产来作你的资本；很可能，在你做事的时候，我已不在人世。那时，除了你自己的本事，还能依靠什么呢？本事

必然能使你上进，也只有你拥有足够的本事才能使你上进。所谓本事，我指的是：美德、学问与风度。关于美德，我没什么可说的，本来就是大家都明白的事，无须我再对你细说，我只强调一点：如果缺少美德，你将成为一个最不快乐的人。

关于学问，我已多次对你说过，希望你彻底理解，它们对你的未来太重要了。学问的内容极其广泛，而一个人的生命是不足以获得全部学问的，人的头脑既容纳不下，也吸收不了各种各样的常识，因此我愿向你指出你所需要特别关注的学问，希望你切实加以掌握。经典的学问，也就是希腊和拉丁的学问，是每一个人所必须具备的。不懂这两种语言，几近于文盲。我希望你现在对这两种语言已相当熟悉，因此，每天抽出一小部分时间来学习，再过两年多，你就能完美地掌握这方面的知识。要把修辞学、逻辑学学好，还要学一点地质学，对天文学也要有个一般性的了解。考虑到你的志向，特别有用的知识是：当代语言、当代历史、年代学、地理学以及各国法律。你必须会说数种完美的、正确的外国语，说得同那些国家的本国居民一样好。你已经能说流利的法语，鉴于法语的适用范围很广，你须不断提高与改进。估计此刻你的德语已学得不错，在你离开莱比锡时你会相当精通，至少，我确信你能做到。意大利语与西班牙语，你日后可能也会用到；对于已会拉丁文与法文的人来说，学会这两种语言很容易，不会占用你很多时间，也不费什么事。近代历史，即最近三百年来的历史，必须成为你最大关注的对象，尤其是涉及几个欧洲强国的历史。在学这方面的历史时，你应联系到年代学与地理学，就是说要记住每桩重大事件的地点。这是学习地理最有效的方法。

关于风度，尽管列在最后，却绝不是要降低它的重要性。风度能给美德与学问增添威力与光泽。

你看，你要学习这么多，而你的时间这么少，看在上帝面上，我亲爱的儿子，你切莫虚度光阴，而要十分珍惜你的时间，把它很好地利用起来。你未来的幸福、你的品质、你在世界上的形象，完全依靠你能否利用好今后两年的时间。

我国派往国外的不少大使，派出前从不了解外国的事情，也不会说外语，许多人完全不注意自己的风度是否被外国宫廷看得起。他们照章办事，毫无创造性。他们掌握不到外国宫廷的机密，猜不透他们的意图，很快发现自己不适合大使的职位，对自己的任务产生厌倦，急于回国，而一旦回国之后，便被闲置起来，这真是天公地道。

（十一）锻炼讲话很重要

1748年6月21日（旧辑），伦敦

你讲话发音不清晰的问题常常萦绕在我脑中，我对此十分关心，这封信以及今后还会写更多的信来谈此问题。

应当感激查尔斯·威廉姆斯爵士告诉了我这件事。由于你我的疏忽，这种不文雅、不受欢迎的举止如果在这两年多的时间内于你成了习惯，你会以一个怎样的形象出现在同伴之中，出现在公众集会场所？这实在使我担心。读一读西塞罗与昆体良有关演说的著作，看看他们是如何强调演说口才的。西塞罗更强调演说者应有好形象，尤其不能穿得太多，显得臃肿。由此说明他很了解人们的心理。了解形象与风度对一个人来说有多么重要。男人（女人也一样）常常是被感性而不是理性牵着走的。感性是通过感官获得的，只要看着顺眼，听着顺耳，大功便已完成一半。我认识不少人，都是因第一印象便决定了他们的前途。只要见到这个人很顺眼，人们就匆匆忙忙地自觉自愿地把他看作是一个很有本事的人，其实并不见得真有本事；反过来说，如果对一个人看不顺眼，人们立刻对他产生偏见，认为他没有什么本事，其实此人也许很有本事。这种情况也并非像初看那样以为不公平、非理智。因为，如果一个人确有才华，他一定明白，口才流利、谈吐文雅对他有无限好处，他一定会用心锻炼，臻于完善。你的形象好，发音器官没有天然缺陷，你的举止适当，只要你愿意，你的演说也会很有风度；如果不是这样，那么，我也好、世人也好，都只能认为你缺少才华。看看舞台上的演员就可以知道了，那些最有学识的演员，朗诵得最好，尽管也许他们的嗓音并不是最好的。他们说得很平稳，很清楚，在适当的地方加以强调。如果演员的台词不能使我们立刻领会它们的意义，那么一定是他说的台词含糊不清，观众既听不清也不想去弄懂。我真心诚意地对你说，我将以你讲话的好坏来判断你的才华。你可以每天向哈特先生大声讲话，让他来帮助你纠正一切不恰当的地方。你还可以高声朗读，用你自己的耳朵来判断好坏。

除了讲话风度，雍容华贵的举止和优雅的风度也是非常重要的。人们很看重这点。有人告诉我，他最近见到你动作不雅，不修边幅，我深感遗憾。如果你继续这样下去，等你也觉得遗憾时，恐怕已为时太晚。举止粗野是非常不友好的表现，而忽视穿着也不合时尚，使人觉得不恭敬。为此，你应当留意你的着装，留意动作的文雅，切勿养成忽视这二者的不良习惯。

名言佳句英汉对照

Men, as well as women, are much oftener led by their hearts than by their understandings. The way to the heart is through the senses; please their eyes and their ears and the work is half done.

男人（女人也一样）常常是被感性而不是理性牵着走的。感性是通过感官获得的，只要看着顺眼，听着顺耳，大功便已完成一半。

（十二）欧洲大陆的制衡关系

1748 年 8 月 30 日（旧辑）

我很高兴地知道你利用晚上空闲时间在阅读梅布莱牧师写的《欧洲公法》。这是一本很有用的书，清晰地叙述了欧洲事务的演绎，一直从《明斯特条约》至今。务必要细心阅读，并对照地图。第三卷能使你对《明斯特条约》获得正确概念，向你介绍交战双方与协约方的某些观点。奥地利王室在订立《明斯特条约》之前，企图通过战争获取帝国中的绝对势力，并撤销各个相对独立邦的权力。法国的意图是削弱、瓦解奥地利王室，使它无法同波旁王室抗衡。瑞典则想在日耳曼大陆上占有领土，解决他们贫穷荒芜的国家日常供应的问题，还可在奥地利王室同联邦之间起到制衡作用。哈布斯堡王室想在冲突中逐步向外蚕食，扩张边界，最终做成一笔好交易，使九个或十个主教管辖区变为非教会所有。于是我们可以追溯自《明斯特条约》以来，奥地利王室的衰败，波旁王室的崛起与哈布斯堡的扩张。

你对法国自《明斯特条约》以来的所作所为的评价，是非常恰当的。我发现，你不仅读书，而且用心思考。应继续运用此种读书方法，不要完全信服作者的权威，要用自己的头脑来考虑，要考虑历史事实是否还有另外的可能，考虑结论是否恰当。要参照不同作者对同一史实的不同观点。历史学家指出某个历史事件的经过与原因，你应思索所涉及的各方人物及其利害关系，看是否符合历史学家之所述。你是否能找出其他更为可能的原因，在进行此种考量之时，切勿轻视某些历史上的大人物在事件背后的细小的动机。因为，人性是各种各样的，是前后不能始终如一的。感情是多变的，意图是波动不定的，身体的偶然情况也会影响到思绪，今天的我不同于昨天的我，也许也不同于明天的我，人的性格并非一成不变的。最优秀的人有时会做坏事、渺小的事；最坏的人有时会做好事、伟大的事。

回到法国历史上来吧，你显然已经进一步注意到法国在对外谈判上颇有它的长处。法国有它的“独特性”。将近两千万国民，年收入在一千三百万英镑以上，全部由王室控制。欧洲其他大国无可与之匹敌。因此，其他大国必须联合起来，同法国抗衡。这个联盟虽然是建立在共同利益的基础上的，但从来不能亲如一家，团结成一个王国，目的一致，步伐一致。加入联盟的国家常常在共同目标之外各有各的利益要求而牺牲共同的利益，为此，直接或间接地分道扬镳。1706 年签订的土伦条约全然失效。最近的一次战争中，同样的原因造成同样的结果。匈牙利的女王不想别的，一心想收复西里西亚以及在意大利所丧失的地盘，因此，尽管她允诺派兵去佛兰德斯，实际上派去的还不足半数。撒丁王国国王的真正目的在取得萨沃纳，迟迟不发兵进攻普罗旺斯。因此，对普罗旺斯的联合远征可耻地失败了；否则的话，会大大削弱法国的势力。可以做出这样的假设：如果四个或五个国家结成联盟，这些国家的实力相加起来与敌对的某一国家相等，甚或略有超出，那么，有利的一方仍在单个国家而不在联盟国家。查理五世的实力显然超过弗朗西斯一世，然而，从总体上看，仍敌不过弗朗西斯一世。因为查理五世的领土尽管很大，却是分割开的，相互隔得很远，各邦的体制不同，彼此纷争不休；而法国则是一个完整的国家。这一明显的事例使我想到 1725 年法国同英国在汉诺威签订的条约（后来德国也加入）的荒唐。这项条约建立在一个共同谅解（无论真的或假的）的基础上，安排唐·卡洛斯同年纪最长的女大公、如今的匈牙利女王缔结婚姻，那些绝顶聪明的政客们认为，联姻将使查理五世恢复在欧洲的过大的势力。我相信、并且衷心希望那种情况出现，那样的话，欧洲大陆就会有一个强国来制衡法国。而现实情况是，几个海上强国把制衡的主动权掌握在自己手中。假设奥地利势力大大超过法国，若把几个海上强国的力量投在天平的法国一边，至少将使天平持平。在这种情况下，站在法国一边的几个海上强国不必费多大力量就足以超过四分五裂、沦为乞丐的奥地利王室。

这是一个长期以来研究欧洲历史的政治课题。我知道你对政治问题感兴趣，对此我很高兴，因为这同你的前途有关。

名言佳句英汉对照

Go on, then, in the way of reading that you are in; take nothing for granted, upon the bare authority of the author; but weigh and consider, in your own mind, the probability of the facts and the justness of the reflections. Consult different authors upon the same facts.

应继续运用此种读书方法，不要完全信服作者的权威，要用自己的头脑来考点，要考虑历史事实是否还有另外的可能，考虑结论是否恰当。要参照不同作者对同一史实的不同观点。

（十三）慧眼识人

1748年9月5日（旧辑），伦敦

圣托马斯节将临，你将离开萨克森去柏林。我认为，你如对萨克森选侯国的了解还不完整，应在离去前加以完善。我不是指城镇的数目、教堂与教区的数目，而是指政府结构、财政收入、军事状况与商业状况。有些问题，向一些有见识的人请教，便可获知。

一生的忠告

柏林对于你是一片崭新的景色，而我把它看作是你迈进广阔天地的第一站。这第一步要迈得稳，切不可在门槛处绊脚。你会在柏林交到更多的朋友，你必须重视礼貌与仪态。见识与知识是首位的、必要的基础，如在礼貌与仪态上有所欠缺，就不会受到欢迎。进入优秀的群体，应细心观察他们的禀赋、他们的风度、他们的仪容，要向他们学习。这还不够，还应深入一步，观察他们的性格，务求深入到他们的思想与心胸。发现他们的特长、他们的主导感情或显见的缺点，这样才能真正获取你想要的信息。人是由许许多多各色各样的因素组合而成的，需要时间与细心去分析。尽管在我们的组成中有一些同样的成分，诸如理智、愿望、感情、爱好。然而，这些在每个人身上各有不同的比例、不同的组合，从而产生性格上的无穷变化，各不相同。

没有人愿意让别人知晓他们的弱点与缺陷，如果你向一个人暗示你认为他愚蠢、无知，甚至缺乏教养或笨拙，他会恨你一辈子。大多数年轻人喜欢揭露别人的弱点与缺陷，以显示自己的优越。你这样做，只能一时痛快却永久树敌。当时跟随你讥笑他人的人，经过反省，会反过来恨你。好心的人不愿意暴露他人的缺点与不幸，宁可埋藏在自己心里。一个有智慧的人，应当运用他的智慧去与他人交好而不是伤害他人。你应当像温带的太阳，不要散发灼热的阳光，要注意各种事物的界限。

名言佳句英汉对照

Man is a composition of so many, and such various ingredients, it requires both time and care to analyze him : for though we have all the same ingredients in our general composition, as reason, will, passions, and appetites; yet the different proportions and combinations of them in each individual, produce that infinite variety of characters, distinguishes every individual from another.

人是由许许多多各色各样的因素组合而成的，需要时间与细心去分析。

尽管在我们的组成中有一些同样的成分，诸如理智、愿望、感情、爱好。然而，这些在每个人身上有不同的比例、不同的组合，从而产生性格上的无穷变化，各不相同。

（十四）父子关系的佳境是朋友关系

1748年9月27日（旧辑），伦敦

你的来信除了讲到某个专题以外，一般都太简短，既不让我感到满足，也不符合通信的原意；我们之间的通信应当是久违的朋友间的亲切交谈。由于我非常愿意以一个亲密朋友的立场而不是父亲的立场与你共同生活，因此希望你的来信多谈谈你的近况，少谈一些单纯的事务。在你写信的时候，应假设你自己正坐在壁炉旁边自由自在地同我交谈。在那种情况下，你会很自然地谈谈一天来碰到了哪些事情、去了哪些地方、见到了哪些人、对他们有什么看法等等。你的来信可以这样来介绍一些你最近的学习情况与消遣活动，告诉我，你又认识了哪些人，对他们有何评论。总之，让我从你的来信中更多地了解你的近况。

你同普尔特尼勋爵来往多吗？他在莱比锡做些什么？你觉得他有学问吗？有才华吗？勤奋吗？此人本质是好是差？总之，他是个什么样的人？至少，你认为他是怎样的人？你可以毫无保留地告诉我，我许诺保密。你已长大成人，我愿开始同你保持一种相互信任的关系。我将在信中对你毫无顾虑地讲出我对一切人与事的看法，这些看法，除了你与哈特先生，我是绝不愿意让别人知道的。因此，对你来说，如果你对我写信毫无保留，你完全可以信赖我会绝对保密。你读过赛维涅夫人给她女儿格里尼亚夫人写的《信件》一书吗？你一

定会感觉到其中的轻松、自由、愉快的气氛，然而，我估计她们之间的关爱不会比我们之间的关爱更深。告诉我，你目前正在读哪些书？平时你在家如何度过夜晚？去外地时，晚上又做何消遣？我知道你有时去瓦伦丁夫人家聚会，你是去玩玩，还是吃晚饭，或者只是进行优雅的谈话？你不介意在舞蹈老师在场的情况下跳舞吧？鉴于你常有必要跳舞，我希望你跳得好。要记住双臂的优美姿势，伸手的姿势，还要轻柔地摘下、戴上帽子，这些是绅士们在跳舞时应注意的细节。跳舞的最大好处在于锻炼你或坐或立或走所应具备的优雅姿态，这对于一个上流社会的男人来说是十分重要的。

在你赴柏林之前，我希望你在举止、仪表方面学得更加优雅。因为那里有许多优秀团体，我希望你举止得当，受到他们的好评。尤其对你理想中的职业来说，优雅的仪态十分重要。作为一名驻外大使，如果外表不中看、仪态不优雅、态度不诚恳，是不会被优秀的团体接纳的。受到他们的接纳，他们才会把你当作可信任的人，在对你不戒备的状态下，对你讲出一些秘密或内幕。女人在这方面消息灵通。一位国王的情妇或一位大臣的妻子或情妇，可能提供重大的有用的消息，因为她们想显示自己受到国王或大臣的信任。有些男人也有类似情况，这种人既无知识，又无头脑，只因为出身名门，便能经常出入宫廷，由于他们的上司的疏忽，常常把重要的事情透露给他们，通过适当的方式与他们交谈，就可轻易获取秘密。

（十五）加入优秀的群体是你最好的名片

1748年10月12日（旧辑），巴斯

我因胃部不适导致头晕，来此已有三天。现已觉得好些，可见此地的温泉颇有好处。不过，无论何时何地，我最搁在心上的是你的学习、你的修养与你将来的成就。我已经退出舞台了，而你正要登上舞台。在这关键时候，由我的经历得来的想法也许能补充你的欠缺，对你有用。一旦离开莱比锡，你就将进入一个伟大的世界，你给人的第一印象十分重要，因为第一印象往往深印在人们的头脑中，起着决定性的作用。在你迈出第一步的时候，结交一个好群体，是你获得好印象的途径。如果你问我，什么是好群体，我也很难下定义，但我将尽我所能使你明白。

所谓好群体，并不是那种体面人自称的，或有些人恭维他们的，而是当地民众一致承认的好团体，尽管其中某些组成人员并不被人看好。这种团体主要由（不是说没有例外）社会地位优越、才华出众的人士组成，其中也有一些门第虽然不高但有真才实学的人。无名小卒或名声很糟的人是不允许加入的。在这样优秀的上流社会团体中，无疑能学到最好的风度与最好的语言。

一个完全由有学问的人组成的团体，尽管其中许多人受到很高的评价，也不能称之为“好团体”（good company），因为这样的人不会涉世处事。如果你认为自己有才华配得上这样的团体，也可以时常参与活动，但不必长期交往。因为这样的团体只能被认为是“文人雅士”，于世事无补。

有一类团体，以风趣、调侃出名，对年轻人很有吸引力。有些小聪明的人愿意参加进去，有些并不风趣的人也以参加这类团体为荣。你同这类群体来往需要小心谨慎，绝不能放弃主见，亦步亦趋。

有一类团体你必须远远回避，那就是低级团体。这类团体确实只能用“低级”“低下”等字眼来形容：仪态低级，人品低级。你也许会惊讶，我何以竟会警告你远离这样的群体，可是我以为这样说并非全无必要，因为我见到过不少有地位、有见识的人就是因为沉湎于这类群体而变质、堕落，最终一事无成。

许多人做蠢事，有些人甚至犯罪，其根源在虚荣心，虚荣心也会驱使一个人加入一个从各方面来说都不如他的群体中去，为的只是去当个领头者。他去了之后，可以指挥一切，受到崇拜，收到掌声，就像成为一个蹩脚合唱队的领唱人，自己很快也失去名誉。从你加入什么样的群体，就可以决定你的沉浮；别人也以你加入什么样的群体来评判你。这种看法不无道理，有一句西班牙谚语很有见地："告诉我，你同谁在一起，我可以说出你是谁。"为此，无论你到什么地方，应当加入那样一种团体，那个团体中的每一个成员都乐于让稍次于自己的人成为自己最好的同伴。这就是我对"好团体"所下的最佳定义。但是，这里还有一条应注意：小心谨慎是十分必要的。许多年轻人虽然加入了好的团体，却由于不谨慎，自毁了前程。

我从前见到过，有的团体是由各种各样的时髦人物组成的，他们的人品与操守各不相同，而在风度仪表上倒是整齐划一。一个刚刚入世的青年，一旦进到那样的团体，很自然会认同他们，模仿他们。而结果却误入歧途。他会常常听人讲到那些出风头的坏事。他见到某些喜欢炫耀的人受到别人崇拜；见到一些人吃喝嫖赌，不以为错，反而认为是上流社会应有之事。其实恰恰相反。这些人受到尊重，是因为他们有才华，有学问，有教养，有真正的成就，而那些轻微的、出风头的坏事正是他们的瑕疵点。难道一个嫖妓的人风度翩翩，就值得去模仿？难道一个醉酒之人，夜里呕吐不止，次日头脑昏昏沉沉，也是学习的榜样？难道一个嗜赌之人因为还不了赌债直扯自己的头发痛骂自己，也是最可爱的人？不！这些都是有害的杂质，而且是大杂质，绝不会使人增辉，只能使人降等。假设一个人既无才华，又无其他优点，而仅仅是一个嫖客、酒鬼、赌徒，世人对他会是什么看法？只能把他看作是卑贱无耻之徒。所以，道理很清楚，对那些性格混杂的人来说，他们的优异之处只能使人们原谅了他们的劣迹，而认同劣迹本身。

我希望，我也相信你不会有那些恶行。但是，如果不幸你也有恶行，那么我求你，至少可以庆幸的是因你自己把持不住，而不是学别人的样学来的。

我深信因为学习坏榜样而使自己堕落的年轻人，要比一般人设想的多 10 倍。

承认我从前所犯的错误，于我并不困难，因为我想这样做，这于你有益。我初进大学的时候，学会了抽烟、喝酒，尽管我对酒精、烟草很反感，但误以为这是一种派头，这样做才像一个堂堂男子汉。我头一次出国，来到海牙[①]，当地博彩业流行，我见到许多上流社会人士以博彩为娱乐。我当时很年轻，也很愚蠢，以为赌博也是一种技能。因我力求完美，便把赌博也列为掌握内容之一。这样，我就犯了习惯赌博的错误，这不但未能使我增光，反而成了我的瑕疵点。

由此可见，模仿需要识别与判断，模仿你所进入的好团体中真正的好榜样，学习他们的礼貌、他们的举止、他们的姿势，以及他们那种轻松、随和、有很高禀赋的谈话。但要记住，即使他们光彩照人，如有恶行，切不可模仿，否则你的脸上便会出现“人造的肉疣”。有些非常漂亮的年轻人，不幸长着天然的肉疣。想想看，如果没有这些肉疣，那张面孔该有多么漂亮！

刚才向你承认了我的迷失，现在可以再讲讲我正确的一面。我到什么地方去，总是努力加入最好的群体，而通常都是成功的。在那些群体中，我在某种程度上坦诚表达了我要向他们学习的愿望。我很注意处处不让自己心不在焉或漫不经心；我注意听他们所讲的每一句话，注意他们所做的每件事；我从不忽略任何小事，从不打短工。正是这些经验，而不是我的迷失，才使我成为上流人士。

名言佳句英汉对照

Make it therefore your business, wherever you are, to get into that company which everybody in the place allows to be the best company next to their own; which is the best definition that I can give you of good company. But here, too, one caution is very necessary, for want of which many young men have been ruined, even

① 海牙系荷兰王宫与政府所在地。荷兰首都则为阿姆斯特丹。——译注

in good company.

为此，无论你到什么地方，应当加入那样一种团体，那个团体中的每一个成员都乐于让稍次于自己的人成为自己最好的同伴。这就是我对“好团体”所下的最佳定义。但是，这里还有一条应注意：小心谨慎是十分必要的。许多年轻人虽然加入了好的团体，却由于不谨慎，自毁了前程。

（十六）在人群中谈笑自如

1748年10月19日（旧辑），巴斯

上次向你指出了应加入何种好团体，现在我将给你讲讲在人群中讲话的准则，系由我的经验得来，对此我颇有几分自信。

要多讲话，但切忌长篇大论，确信不致使你的听众感到疲惫。除非别人真有兴趣听，否则不要去讲传闻、轶事，要讲的话，也要尽量简短。把非实质性的背景部分略去，并且注意不要离题。

永远不要抓住别人的纽扣或手，非要让别人听你讲话；如果别人不愿听，你最好管住自己的舌头。不过，如果某个有欠仁慈的饶舌者抓住了你，若此人还值得你感激，你就耐心听下去吧（至少看起来你在听）；因为，没有比有人在耐心地听更会使他感激的了；反过来说，没有比让他一个人自说自话或发现你是在强耐性子听他讲话更使他伤心的了。

在混杂的群体中，尽量避免加入辩论。辩论容易引起相互对立。如果争论越趋激烈，应尽量用一两句笑话或俏皮话来结束争论。

最重要的是，只要可能，切勿自夸自吹。人们常有自夸自吹的虚荣心理，这是一种天然趋向，随时会爆发出来。但是，在谈到各自的经历，不得不作自我介绍时，注意不要掉出会直接或间接地被认为是哗众取宠的任何词句来。你是怎样的一个人物，别人会看得出来的，并不需要凭你自己的讲述。千万不要设想，你讲自己如何如何就能掩饰你的缺陷或增添你的光彩。恰恰相反，十次中有九次可能会使别人更多了解你的缺点，更少看清你的优点。

要注意不要隐藏自己，故作神秘。那是一种非常不得人心的品质，并且动机可疑。如果你与人接触的时候显得神秘兮兮，别人也会以同样态度对你，你就会一无所知。最高的境界是真诚、坦率，外表大大方方，内心精明审慎。自己心中有数，以自然的开放态度换取对方的信任。同人谈话要注视对方的面孔，否则会被认为你心中有愧，不敢与他对视；同时，你也失去了观察他表情的机会。为了了解对方的真实情感，我宁可相信自己的眼睛而不只是相信自己的耳朵。

既不要相信流言蜚语，更不要传播流言蜚语。模仿别人讲话，拿别人来取笑，是一种常见的低级趣味。这是一种最低级、最粗鄙的插科打诨。你千万不能做此事，别人这么做，你也不能鼓掌附和。那个被模仿的人一定会感到受了伤害，而此种伤害是绝不会被宽恕的。

我相信我不需要提醒你，同人讲话应当因人而异。我估计你不至于无视此准则，跟一位大臣、一位主教、一位哲学家、一位上尉或一位女士，用同样的姿态去讲同一个话题。一个在世上有所作为的人物，应当像变色龙，能变化自己的肤色，其目的并非有意欺骗或心怀叵测，而是出于适应对方的需要，涉及的仅仅是一个态度问题而并非道德问题。

名言佳句英汉对照

Never hold anybody by the button or the hand, in order to be heard out; for, if people are not willing to hear you, you had much better hold your tongue than them.

永远不要抓住别人的纽扣或手，非要让别人听你讲话；如果别人不愿听，你最好管住自己的舌头。

（十七）优雅的风度十分重要

1748年11月18日（旧辑），伦敦

无论我见到什么，无论我听到什么，我会首先考虑这对你是否有用。有件事可作证明：有一天我偶然去一家画店，发现其中有一幅卡洛·马拉蒂的名画，他在大约30年前去世，是欧洲一位近年较为著名的画家。画的题目是“美术学校”。画中有一位老者，估计是校长，正在指点学生，学生们有的在透视，有的在目测外形，有的在观察古代文物塑像。关于透视，他曾说过“足够的程度就可以了”；关于目测外形，他也说“足够的程度就可以”；唯独对古代文物的凝视，他说“永远没个够”。画面顶部，云端中有美惠三女神，并写有一句话：“没有我们，不能成功。”大家都认为，这对美术来说是真理。但是，大家看来并未想到，但我希望你能想到，这对所有的艺术和科学都是真理。待埃利奥特先生回伦敦后，我会让他带给你这幅画。罗马天主教徒说，他们画圣者的画像，只是为了让大家想着他们，并非为了崇拜，我希望你也这样做。我还须指出，如果每天都祈求这些圣人的祝福的话，那么，从罗马天主教转为多神教是很容易的。

在蒙昧时代，罗马天主教徒被逐出希腊、罗马，首先逃亡到法国，在那里建了许多庙宇，其中的神像都是塑造得很优雅的。你可以认真思索一下：你为什么喜欢这样一种人，却不喜欢另一种有同样才华、同样品质的人？你会发现，其原因是前者有优雅的风度而后者缺乏这种优雅的风度。我认识许多女士，不少人身材出众、美貌动人，却不受人喜爱；而另外一些女士身材一般，貌不惊人，却颇具魅力。为何如此？美神维纳斯没有美惠三女神的扶持，就没有这么巨大的魅力；而美惠三女神没有美神维纳斯的扶持，也一样。我见到的男士情况也一样。我常常见到不少品格高尚、学识丰富的男士不受人重视，不受人欢迎，正是因为他们缺少了优雅的风度。

如果你问我，什么是优雅？如何能优雅？你我都下不了定义，我只能说：靠自己来观察。别人受欢迎的地方，就是你该学习的地方。洛克在他的一部论教育的著作中说，优雅就是好的教养，我认为说得很好。这本书值得你仔细阅读。德国对优雅的重视不如英国，但你在德国期间不要这样去说。你将会去到的都灵，是欧洲许多良好教养的人士常去的地方，该王国已故国王维克多·阿米蒂用了很大力量来发展商业、培育人才，据说目前在位的国王也以他父王为榜样。当然，在各个宫廷与议会中，都有各种外国的大臣们来往其中。萨丁尼亚国王的朝臣一般是很能干的，也是最有礼的。因此，你在都灵有许多榜样可学。

我一生中所认识的人士中，以已故马尔伯勒公爵的风度最为优雅。公爵是个识字不多的人，书法很糟，拼写更糟。他同人们通常说的“才华”无缘，可以说，他毫无光彩照人之处。但毫无疑问的是，他在通情达理、判断事务方面有突出的才能。正是风度优雅保护了他，提携了他。他被任命为皇家侍卫。后来，英王查理二世最宠爱的情妇克利夫兰公爵夫人很欣赏他的翩翩风度，给了他五千英镑。马尔伯勒公爵立即从我祖父哈利法克斯手中买到一份五百英镑的终生年金，为他以后的财富奠定了基础。他长相英俊，尤其是他的翩翩风度，无论女人或男人都无法抗拒其魅力。正是依靠他的魅力，他在战争中把分崩离析的各个盟国联结起来，赢得了这场战争。无论到哪个国家，他总能说服该国宫廷接受他的建议。联合行省的省议会议长海因塞斯统治“联合行省共和国”四十多年，年老体弱，才力不济，如今该国的民众都知道，实际上是马尔伯勒公爵在统治着的。他总是冷漠无情，板着面孔，但能客客气气地拒绝别人的要求，那些未能办成事情的人虽然对他不满意，但仍对他的风度颇加赞许。

名言佳句英汉对照

Examine yourself seriously, why such and such people please and engage you, more than such and such others, of equal merit; and you will always find that it is because the former have the graces and the latter not.

你可以认真思索一下：你为什么喜欢这样一种人，却不喜欢另一种有同样才华、同样品质的人？你一定会发现，其原因是前者有优雅的风度而后者缺乏这种优雅的风度。

（十八）衣着得体也不是件小事

1748 年 12 月 30 日（旧辑），伦敦

此信我直接寄往柏林，我估计你正好收到，或等你到柏林后一两天收到。你初次在一个世界大舞台上露面，我不由得兴奋地期盼着你的成功。尽管，观众对新演员总是宽宏大量、并不苛求，然而，你在他们心目中留下的第一印象，往往使他们作出判断：你会不会成为一名好演员。如果这位新演员的对白与动作都合情合理，如果他深入他的角色，而不是随便应付，更重要的是，他渴望得到观众喜爱，那么，观众对演出中的细微缺点与瑕疵总会原谅的，因为他们明白他毕竟年轻，缺少经验。到时候，他们会宣称这个年轻人是个优秀演员，有了他们的鼓励，年轻人也一定会很快成名。我希望你走上这样的道路，你有足够的见识理解你承担的角色，你有坚定的目标，你有超越的雄心，细心观察那些优秀的演员，毫无疑问，你会大获成功。

如今，你该注意你的衣着了。尽管衣着本身是小事一桩，但我承认，我是常常凭一个人的衣着来判断他的为人的，我相信，许多人也同我一样。伦敦的不少年轻人靠衣着来炫耀自己：歪戴一顶大得可怕的礼帽，腰间挎一把长剑，穿一件短坎肩，系一条黑领带，我见到这种人就知道他们不过是披着狮皮的驴。还有些人穿着棕色的束腰长外衣、皮马裤，手中握着粗粗的橡木短棒，头发也不扑粉；外表看起来像是舞台上的马车夫，我毫不怀疑他们的内里同外表完全一致。一个有见识的人要细心避免在穿着上有什么特别之处，只要穿着整洁就可以了，不要去管别人的穿着。他的穿着要适合他的风度，也要符合当地有见识的人的普通衣着方式/风格。如果他认为他应当比当地人穿得更好，那么，他就是个纨绔子弟；如果他穿得比别人差，那也是不可原谅的疏忽。拿这两种情况来说，我情愿年轻人多重视衣着。注意过头了，会逐渐得到改正；如果不去注意，到了四十岁会成为邋遢人，到了五十岁身上会有异味。哪个地方的人穿着考究，你也要穿着考究；哪个地方的人穿着普普通通，你也要穿得普普通通。但应注意你的衣服必须剪裁合身，否则会给人一种尴尬的印象。每天穿着好了，这一天都不必去想这件事，不会再因为害怕衣着不适而身子发僵，可以使你整日行动自如，就像身上根本就没有穿着衣服。我说了这么多有关衣着的事，是因为在一个讲究礼貌的世界上，这是一件很有影响的事情。

至于风度、素养等重要问题，我已讲过多次，相信你有足够的见识去选择你的学习榜样，结交优秀的群体。许多人告诉我，你的精力十分旺盛，这是件好事。我希望你把旺盛的精力注入你的才华，而不是去浪费它。我认为，世上最不能被接受的是具有强烈野兽精神的冷酷天才。这样一种人只能制造麻烦，他们无事忙、蠢动、夸夸其谈一些无聊的琐事，无缘无故地哈哈大笑。依我看来，一位热情、有活力且有冷静头脑的天才，才是最完美的人。

我亲爱的孩子，我衷心祝愿你新年快乐。你应该会有许多许多的快乐新年，只要你该有的，你就能拥有。

名言佳句英汉对照

A man of sense carefully avoids any particular character in his dress; he is accurately clean for his own sake; but all the rest is for other peoples.

一个有见识的人要细心避免在穿着上有什么特别之处，只要穿着整洁就可以了，不要去管别人的穿着。

第三部分

1749 年

But remember, in economy, as well as in every other part of life, to have the proper attention to proper objects, and the proper contempt for little ones. A strong mind sees things in their true proportions; a weak one views them through a magnifying medium, which, like the microscope, makes an elephant of a flea : magnifies all little objects, but cannot receive great ones.

要记住：关于节俭，同生活中的所有问题一样，对于不同的事情要能正确区别轻重缓急。头脑清楚的人能看清事物的真实形态；头脑不清楚的人是用放大的媒介——放大镜来看，一只跳蚤能看成一头大象，所有的小东西都放大成大东西，而大东西反倒看不见了。

（一）事有轻重缓急

1749年1月10日（旧辑），伦敦

亲爱的孩子，我收到你12月31日的来信了。你感谢我送给你的礼物，你的感谢超过了礼物的价值；而你向我保证要很好地应用它，则是我所愿得到的谢意。要注意书籍的内容，忽略它们的外表，这是一个有见识的人同他的书籍间应有的关系。

现在，你正在进一步踏入社会，借此机会，我想谈谈你未来的经费。为了你的学习与合理娱乐的需要，我既不会拒绝也不会嫌恶你向我要钱。在学习的项目下，购买最好的书籍，聘请最好的教师，花多少钱都可以；还包括食宿、雇车、衣着、雇用仆人等费用，无论你去到什么地方，这些都是必需的。在合理娱乐的项目下，据我所知，首先是适当的慈善活动，其次是购买礼物送给你必须感谢的人或你愿意感谢的人；在同友人来往的费用上，观剧、游览、小小的享受、为应酬来点小输赢的牌戏等等。有两种情形我是不会给钱的，一是纵情声色，二是挥霍浪费。一个蠢人任意挥霍，毫无价值，对他本人毫无好处；有见识的人连一个先令也不会浪费。前者买一堆并不需要的物品，而必须购置的东西反倒不肯花钱。他无法抗拒玩具商店的魅力，亦无法抗拒鼻烟壶、怀表、手杖等的魅力。他的仆人与采购员欺骗他，中饱私囊；突然之间，他发现购买生活必需品的钱也不够了。你应尽可能用现金购物，避免赊账。你要亲手付钱，不要由仆人去付账。必须开账单时（如买肉与饮料、做衣服等），应当由你亲手每月结清。不要只为了一件东西便宜就买下来，还认为是节俭，其实你根本不需要它。或者，因为这件东西价格昂贵，为了愚蠢的炫耀而买下

它。把你收到的钱、花出去的钱，都用账本记下来，因为谁也记不住钱的来去。我不是说把每个先令、半个克朗都记下来，这些小数不值得费时间去记，不值得浪费你的墨水。要记住：关于节俭，同生活中的所有问题一样，对于不同的事情要能正确区分轻重缓急。头脑清楚的人能看清事物的真实形态；头脑不清楚的人是用放大的媒介——放大镜来看，一只跳蚤能看成一头大象，所有的小东西都放大成大东西，而大东西反倒看不见了。我见过不少人，花一两个便士都要踌躇再三，可是在对他至关重要的事情上却不懂得去花钱。一个聪明的人懂得这些界限。拿风度来说，界线就是好教养，超过这条线，就成了讨厌的繁文缛节；缺少教养，就会是不合礼节的疏忽与漫不经心。以道德来说，既不能有意炫耀清教徒式的极端拘谨，又不能一味放纵、接近犯罪的边缘。在信仰上，既不能迷信，也不能不虔诚。总之，每一种美德过了头就会成了恶行或弱点。我认为你有足够见识去发现这些界限，做到心中有数。

你的朋友佩尔蒂格伯爵经常问起你，他已写信给都灵学院的院长萨摩尔伯爵，为你准备好一间宿舍，并为你向院长做了介绍，我希望你不至于辱没他的推荐。至于萨摩尔伯爵的儿子，现住在海牙，是我特别熟稔的朋友，我会经常从他那里获悉你在都灵的真实情况。

在你居留柏林期间，我期望你已通晓该国的政治与军事状况，了解普鲁士国王政教合一的政府体制。应特别注意他们的军队，普鲁士的军队比欧洲其他任何国家都更强。你应去看军事检阅，看士兵如何训练，询问军队的数目，有多少步兵，有多少骑兵与龙骑兵；向若干连队询问有多少少尉以上的军官、多少无委任状的军官？还要注意弄懂德文的军事技术术语。因为，尽管你并不打算成为一名军人，然而，军事常常是谈话的话题，如果你对军事一无所知，交谈时便会十分尴尬。再者，军事常常是谈判的主题，同你未来的职业有关。你还要注意了解普鲁士国王近来在法治方面的改革，通过改革，既减少了诉讼案件，又缩短了诉讼时间。这是这位伟大国君的一件伟大业绩。他是当前欧洲无可争议的最能干的国王，他政府的各个部门都值得你去深入了解、密切关注。你应该从柏林开始，走上年轻政治家的道路，然后去都灵，在都灵你将见到一位仅次于普鲁士国王的能干国君。如果你能进行政治上的思考，便能从这两位国君身上学到许多东西。

名言佳句英汉对照

But remember, in economy, as well as in every other part of life, to have the proper attention to proper objects, and the proper contempt for little ones. A strong mind sees things in their true proportions; a weak one views them through a magnifying medium, which, like the microscope, makes an elephant of a flea : magnifies all little objects, but cannot receive great ones.

要记住：关于节俭，同生活中的所有问题一样，对于不同的事情要能正确区别轻重缓急。头脑清楚的人能看清事物的真实形态；头脑不清楚的人是用放大的媒介——放大镜来看，一只跳蚤能看成一头大象，所有的小东西都放大成大东西，而大东西反倒看不见了。

（二）用自己的理智战胜偏见

1749年2月7日（旧辑），伦敦

你如今已到了能够思考的年龄，我盼望你能如此，尽管你的同龄人中很少有人能追求知识与真理。我承认，我开始作反思的时间并不很早。在十六七岁以前，我从不知何谓思考。此后多年，虽有所思考，但也未予重视。我只记

住书本上的知识，部分原因出于懒惰，部分原因出于精力与时间的浪费，部分原因出于拒绝新观念的习惯做法。经过思考，我才发现我曾盲从了许多偏见而非接受理智的指引；我曾经信了错误的东西而非追寻真理。但是，自从我不惜去尽力做理性的分析以后，就有了勇气来创立我自己的观点，你无法想象出我有多少观点已发生了改变，有多少事物离弃了偏见与迷信权威的欺骗性媒介而使我看清了它们的本来面目。否则的话，我仍会出于长期的习惯，保留许多错误的观念。

我的头一种偏见，是对古典事物的崇拜，那是我从书本上读来的，是老师教我的。我相信，一千五百年来，随着古希腊、古罗马的灭亡，世界上再也不存在公理与诚实了。我以为，荷马与维吉尔是不会有错的，因为他们是古人；弥尔顿与塔索是没有价值的，因为他们是现代的。而如今，我发现，三千年前的大自然同今天的大自然并无二致，当时的人类与今天的人类也一模一样；人的状况与生活习惯不同了，本质的天性仍是一样的。我再也不能以为一千五百年或三千年前的人类比现代人更优秀、更勇敢或更聪明，正像古代的动物与植物也不会比现代的动物、植物好多少。我发现，荷马所写的英雄阿喀琉斯，只不过是个野蛮人、一个卑鄙小人，根本不适合在史诗中加以赞颂。他毫不关怀他的故土，不愿保卫他的祖国，为了一个女人同阿伽门农争吵，仅仅出于私愤，便去屠戮人民，只因为他知道自己是不可战胜的。然而，尽管像他那样无人能敌，他仍穿着世上最厚重的甲胄，说得客气一点，这也是个大错，因为只要一只马蹄踏上他的脚踵他就完了。由于看不起现代人，我曾赞同德莱顿先生的意见，认为弥尔顿诗中的英雄其实是个魔鬼，这个魔鬼所制订的计划，以及后来的实施，乃是诗的主题。经过上述这类思考，我才能不偏不倚地得出结论：古代人有他们的杰出之处，也有他们的缺陷；有他们的美德，也有他们的恶行，正同现代人一样。迂腐的书呆子肯定喜欢古人；虚荣无知的人无疑喜欢现代人。有一个时期，我认为世上最诚实之人不可能在英国国教范围内使自己的灵魂得救，并未考虑到这仅仅是个人看法的不同。

第二种偏见是有关优雅风度的。我想炫耀自己，也把人们所谓的高尚恶习当作是优雅风度的一个必要组成部分，因此也去学那些人的样儿。

你应坚持运用自己的理智，去思考、鉴别、分析所有的事物，以便形成正确的、成熟的判断；勿使任何“权威”影响你的认识，误导你的行动，或支配你的谈话。如你尚未能如此，应趁早觉悟，否则，悔之晚矣。要及时运用你的理智。我不是说，理智的分析永远是正确的指针，人的理智并非永不出错，但至少能使你不出大错。

有一种常见的偏见，流传了一千六百年之久：在专制统治下，艺术与科学无法繁荣，在自由受到限制的情况下，天才人物必然受到束缚。这种说法颇受支持，其实并不真实。技艺性的进步，如农业等，确实会因政府的本质，因财产利益关系受到障碍。但是，一个专制的政府为什么会束缚数学、天文学、诗歌、演讲方面的天才呢？我承认我对此问题从未想通。的确，专制政府会剥夺诗人、演说家在某些题目上的自由，可是，还有其他方面足够供他们发挥天赋。现在法国作家颇多抱怨，但我认为主要是那些糟糕作家的原因。

名言佳句英汉对照

Use and assert your own reason; reflect, examine, and analyze everything, in order to form a sound and mature judgement; let no (authority) impose upon your understanding, mislead your actions, or dictate your conversation.

你应坚持运用自己的理智，去思考、鉴别、分析所有的事物，以便形成正确的、成熟的判断；勿使任何“权威”影响你的认识，误导你的行动，或支配你的谈话。

（三）充分把握游历时的每一天

1749年2月28日（旧辑），伦敦

我很高兴读到有关你在柏林所受接待的报道的来信；更高兴读到哈特先生的来信，谈及你受到接待时表现出来的雍容大度，他说你对那些冠冕人物表现得既尊贵又谦恭。

如今，在短短数月中，你将接触到欧洲三个重要的宫廷：柏林、德累斯顿、维也纳。然后，你还将在都灵得以进一步地提高。在都灵你会遇到最优秀的人物，比其他宫廷中的人物更有教养，更有魅力。如今要记住，良好的教养，优雅的举止与谈吐，甚至着装（在某种程度上），都将成为重要题目，值得你关注。

一天的时间，如果利用得好，也足够用了。一半的时间用来学习与锻炼，以充实你的头脑，改善你的体质；其余时间用来同朋友交往，以改进你的风度，完善你的性格。我希望你早上读狄摩西尼（又译德摩斯梯尼），比别人理解得更透彻；中午在宫廷应表现得比别人更出众；晚上可以悠闲自在地同朋友交往。

信内附有一封给卡佩洛先生的介绍信，你一到威尼斯就把信送交他。我确信，他对你会殷勤招待并给你帮助。他此后将去罗马担任大使。顺便说说，你无论到什么地方，都应当尽可能多同威尼斯的大使们来往，他们比别国的大使们更了解所驻国宫廷的情况，他们要定期向自己的政府作严格的报告，因此特别勤奋。

你可在威尼斯逗留至狂欢节，尽管我期望你尽快去都灵。然而，我认为你不能错过在威尼斯过狂欢节。你还应特别注意去参加政府所允许旁听的会议，如参议院会议等，并去了解当地政府的特殊形式。还有许多十分珍贵的古迹，包括雕像与绘画，都出自著名大师之手，值得一看。

我还将给你往威尼斯与维也纳写信，或寄给你在威尼斯的银行经纪人，你一到该地就立刻同他联系。我会继续向你介绍各地的情况，以免你像许多旅客那样匆匆忙忙地错失不少观赏的良机。

名言佳句英汉对照

Now Remember, that good-reeding, genteel carriage, address, and even dress (to a certain degree), are become serious objects, and deserve a part of your attention.

如今要记住，良好的教养，优雅的举止与谈吐，甚至着装（在某种程度上），都将成为重要题目，值得你关注。

（四）好好利用一年的时间

（无日期）

此信我直接寄给你在威尼斯的银行经纪人，这是最可靠的方式。我估计，也许信要比你早到数日。这个季节的东风不稳定，因此我不再往维也纳寄信。你同哈特先生到了维也纳将会分别收到我已写去的信，给你的信中附有给卡佩洛先生的介绍信。我估计隔岸欧洲大陆的邮局对你不公道，因为你在柏林停留的全过程中，我只分别收到你和哈特先生各一封信。

我相信，你在威尼斯充分地利用了时间去看了这个特殊地方值得一看的东西，并与人交谈，不单是谈该城的西洋镜，还谈政府的体制。为此，此信中附有詹姆斯·格雷爵士所写的一封介绍信，他是我国派往威尼斯的驻外公使，目前在国内。

但是，最重要的地方还是都灵，我建议你在都灵多待一些时日。那里对你将是一个全新的舞台。在那里，你会遇上比你聪明、比你谨慎的人，也会遇上坏的榜样。都灵学院里都是和你年纪相近的年轻人，各种人都会有，有些人懒惰爱玩，对学习漫不经心，有些人生气勃勃，勤于钻研。我相信你能区别好坏，好自为之。同时，为了更加安全起见，我已嘱咐哈特先生，一旦他发现你饮酒、赌博、偷懒或不听他的话等，就让他把你带往一个地方（我已向他指出）。我建议你在都灵至多停留一年。一年的时间好好利用，如像在莱比锡时那样足够你提高自己，收到很好的效果。但如果你受到坏榜样的影响或引诱，你将毁了自己。你应当拿出事实来证明你值得我爱，如果你不值得我爱了，你将受到我的惩罚。对此，你不必怀疑。我要公正地事先告诉你，我会根据什么来判断你的行为——那就是哈特先生向我的报告。我确信——我再说一遍：我深信他除了对你一片好心之外，别无他意。我相信，你也会同意他的判断力要胜过你。如果他对你满意了，我也会对你满意；无论何时他对你不满意我将对你更不满意。他有抱怨的话，你必定有错，我不会看重你的丝毫辩解。

现在，我来告诉你，你应如何在都灵度过。首先，每天上午的时间都用来研读古典著作，哈特先生让你读多长时间就读多长时间。其次，要学好骑马、跳舞、击剑。再次，学好意大利文直到精通的程度。最后，与最优秀的群体度过夜晚。你必须遵循学院安排的时间。如果你能以这种态度在都灵度过一年，我对你别无他求，你要什么我都会给你。此后，你将成为自己的主人，你将获得自由，我不会再用权威来压服你，你我之间将成为朋友对朋友的关系。

（五）区别娱乐的高雅与粗鄙

1749 年 4 月 19 日（旧辑），伦敦

我相信，你收到此信时，仍在威尼斯嬉耍于化装舞会、化装歌舞娱乐会（18 世纪英国盛行）与歌剧院等场所。我真心实意地说，这些都是高尚的娱乐活动，在一天的紧张学习之后，参与这些活动于你十分有益。享乐有高雅与粗鄙之分，如同艺术有高雅与粗鄙之分。有一些享乐活动就像某些职业，会降低绅士的人格，诸如酗酒、任意暴食、粗鲁的运动如猎狐、赛马等，依我看来，这些玩家比诚实、勤劳的裁缝或鞋匠的人品要低得多。

务请向哈特先生转达我的谢意，告诉他，我已收到他从维也纳寄来的第十六封信，我将在收到他的下一封信后再给他回信。我急盼他告诉我，你在都灵的安顿情形，你在都灵的日子对你将起决定性作用。

我们此后还将谈到你访问罗马及意大利其他地方的有关事项。现在我只讲一点：无论你去什么地方，都要聚精会神。那些地方有许多珍贵的古迹值得欣赏并留在记忆之中。还应比较那些地方古代至今的疆域变迁，不要忘记随时摘记。

名言佳句英汉对照

There are liberal and illiberal pleasures as well as liberal and illiberal arts : There are some pleasures that degrade a gentleman as much as some trades could do. Sottish drinking, indiscriminate gluttony, driving coaches, rustic sports, such as fox-chases, horse-races, etc., are in my opinion infinitely below the honest and industrious profession of a tailor and a shoemaker.

享乐有高雅与粗鄙之分，如同艺术有高雅与粗鄙之分。有一些享乐活动就像某些职业，会降低绅士的人格，诸如酗酒、任意暴食、粗鲁的运动如猎狐、赛马等，依我看来，这些玩家比诚实、勤劳的裁缝或鞋匠的人品要低得多。

（六）远离恶行，谨慎择友

1749 年 5 月 15 日（旧辑），伦敦

我希望，你收到此信时，已结束威尼斯狂欢节的观赏，来到都灵投入紧张的学习与必要的体育锻炼中去了。你在都灵停留期间应当成为重要的教育阶段与有用的“装饰性”阶段。但同时我必须告诉你，我对你的关爱从未像现在这样使我感到焦急。你如处于危险之中，我就会感到恐惧。而现在你在都灵确实有了危险。哈特先生自然会伸出他的保护之手，但你自己的智慧与决心也可使你处于不败之地。我听说，都灵学院内有许多英国学生，我担心他们会构成对你的威胁。他们是些什么人，我不知道，但我很清楚我们这些出国留学的年轻人的通病：不良的行为，粗鄙的观点，有较多的人扎堆的时候，尤其如此。坏榜样本身已是足够危险的了，而他们往往还不肯罢休，他们会引诱别人学他们的样子，如果引诱不成功，就会来取笑你，像你这样年纪、缺乏经验的人往往经不起他们的引诱。因此，你应有警惕，击退他们的进攻。我送你到国外不是为了让你去和本国同胞交谈的。同他们交往，总的来说，既得不到知识，又学不到语言，我确信，也学不好风度。我亟盼你不要同这些人经常联系，即使他们表现得颇诚恳，也不要同他们结交朋友。我知道，年轻人通常都讲面子，对别人的请求不愿拒绝，认为拒绝是羞耻的，这种想法应当改变。

一生的忠告

正如美德有不同的等级，恶行也有不同的等级。应当公平地说，我们那些英国同胞的恶行，通常并不是很严重的。他们的“豪侠风度”就是那些声名狼藉、卑鄙下流的纵情声色，活该得到糟蹋身子的回报，当然还有名誉扫地。他们大吃大喝的结局就是醺醺大醉、低级的喧闹、打碎玻璃窗、甚至折断自己的臂腿。他们玩牌不是为娱乐而是为了赌博，为此而通宵达旦。在这种伙伴关系、这种行为下，他们回到英国来，依旧是缺乏文化、缺乏教养，整天在街头、在公园闲逛。他们成为游乐场所的捣乱者、酒店饭馆中的捣乱者，有的成为罪犯。这些可怜的误入歧途的年轻人还自以为浑身发光，发光倒是真的，只不过是黑暗中腐尸发出来的磷光。

我不是像一个老头子喋喋不休地向你说教，我知道你并不需要那种道德说教；我是作为一个朋友、一个世上的普通人，向你提出建议。我不愿你年纪轻轻的时候就像老年人一样，正当的娱乐活动也不去享受。

我所说的是，用你的智慧武装自己，使你能抵御那些误入歧途的可怜的年轻人的引诱，在他们企图把你拖下水的时候，要坚决地加以拒绝。但也不必去同他们做无谓的争论，因为你太年轻，无法说服他们，我相信，更可能的是他们说服了你。

无论你在都灵逗留的时间或长或短，都会有人向我报告你的行为。我已告诉过你，哈特先生发现你有不当行为，就会把你送走。再者，我告诉你，我还会从都灵学院院长萨摩尔伯爵处获悉你的情况。我还有其他可靠的情报渠道就不告知你了。如果，你在都灵表现良好，我建议你圣诞节去罗马散散心。我亟盼你勤奋地学好跳舞、击剑与骑马，既为了你的健康成长，又能获得高雅的时尚。你还须注意衣着，还应去看牙医，我相信都灵有优秀的牙医，请他们给你的牙修补完美，此后始终保持良好的状态。你有一副好牙，我希望现在仍是如此。即使有了坏牙，也要保持清洁。我认为口齿不洁是一种很不好的风度。一千种叫不出名字的细节，谁也描述不出来，却能让人感觉得到，可以合力形成取悦于人的一个“整体”；正像一些马赛克碎片，单独地来看，既不美，也没有价值，一旦适当地拼组起来，就形成人见人爱的美丽图像。眼光、手势、姿态、说话的声调，都在起着作用。使人喜悦的艺术，对于你未来职业的重要性也许比其他一切更大。可以说，它占你事业一半的地位。因为，如果你被派去的宫廷不喜欢你，那么，你便会一事无成。要请眼睛与耳朵来帮助你的头脑，十之八九，头脑是理解的主宰。

拜访都灵的宫廷，要特别注意其中公众也认为最优秀的男士、女士，在他们的背后要讲有利于他们的好话，可以在一些团体中讲，估计其中会有人把你的话传递过去。对萨伏依王室培养出来的许多伟大人物要表示出你的尊崇。

上面我所说的我国同胞到欧洲大陆的情况是就多数来说的，并不指全体；有些人是学得很好的，你的朋友史蒂文斯先生就是其中的一位，我赞成你同他保持联系。你也许还会遇上一些人，同他们的友谊将对你有所帮助。希望哈特先生能在这方面为你作出判断。

名言佳句英汉对照

A thousand nameless little things, which nobody can describe, but which everybody feels, conspire to form that WHOLE of pleasing; as the several pieces of a Mosaic work though, separately, of little beauty or value, when properly joined, form those beautiful figures which please everybody.

一千种叫不出名字的细节，谁也描述不出来，却能让人感觉得到，可以合力形成取悦于人的一个“整体”；正像一些马赛克碎片，单独地来看，既不美，也没有价值，一旦适当地拼组起来，就形成人见人爱的美丽图像。

（七）有益无害的做人诀窍

1749 年 5 月 22 日（旧辑），伦敦

上封信中，我向你推荐了一个有益无害的诀窍：在别人的背后，要说他们的好话，听到你讲话的人往往会出于他们自身的需要，向有关的当事人重复甚至加重你对他的赞扬。好话是最能取悦人心的，因此也是最有效的。还有一些别的诀窍——许多诀窍，同样也是有益无害，于为人处世很有用处。年轻人精力充沛，富有活力，认为这类诀窍毫无用处，或者嫌麻烦。但是，随着知识增长、涉世渐深，就明白它们的重要性了，不过通常为时已晚。这些诀窍中最重要的一点就是控制好自己的脾气，头脑要冷静，脸上不露声色，不要让对方从言语、动作甚至眼神来发现那些在我们内心激荡的感情或感受；如果我们内心的东西被头脑更冷静、更聪明的人发现，他们就会不仅在重大事情上而且在平常生活中偶发之事上，使我们处于不利的地位。一个人，如果在对方未显现出愤怒或面部表情并无变化的情况下察觉不出自己招致对方的不满；或者，在对方并未突然露出喜悦表情的情况下觉察不到自己已令对方十分满意，那么，这种人只配受狡诈之人或骄横、自以为是的蠢家伙所摆布，他们会设法刺激你或讨好你，从你不经意的言谈或脸色中轻易地解读出你内心的秘密，这些秘密本该藏在你的心底，不让任何人知道。

你也许会说，这种冷静准是装出来的，并非本意。我承认人们有时是会做作的，同时，我还敢断言，人们经常原谅自己，却极不公平地指控别人“做作”。小心与思考，如果做得适当，会产生更好的主意。一个人确实应当运用他的理智压倒他的做作，而大多数人却是让做作压倒了他的理智。如果你发现自己即将开始发火或发狂（我看不出二者有何区别，也许只是延续时间长短不一样），你要自己按捺下来，至少，当你还带有那种感情时，闭口不言。尽可能做到面不改色。只要你时刻注意，你会养成这种镇定的习惯。在做生意时，你常会同骗子打交道，对待这种人，至少不能让他占便宜。也许你会反对，但我仍要向你建议“掩饰”，我有时会掩饰，我并不认为不正当。我认为如果没有必要的掩饰，事业就无法发展。培根勋爵说，掩饰只是把自己手中的牌遮盖起来，而欺诈是去偷看别人的牌。博林布鲁克勋爵在他最近再版的一书中，把掩饰公正地称之为“打马虎眼”。他说，掩饰是一个盾牌，就像保密是一副甲胄。如果没有一定程度的掩饰，就无法在做生意时守住秘密。他还接着往下说，掩饰和保密就像合金中掺和着纯矿砂，掺少量是必要的，不至于使硬币降低标准，如果过了量（即欺诈、欺骗），硬币就失去它作为通货的价值了。

因此，你必须绝对控制住脾气、控制住表情，至少要做到：无论你内心感受如何，不能让人看出来。这也许是困难的，但绝非不可能做到。一个有见识的人绝不会去做不可能做到的事，另外，也不会被困难所吓阻。相反，他会加倍努力开拓他的心智，坚持下去，直到最终成功。

为了判断别人的内心，你能设身处地去想就可以了。因为人与人通常都是很相像的。尽管这个人主要的感情是这样的，另一个人的主要感情是那样的，然而，感情爆发的因果关系是相同的。别人做什么事能合你的口味或使你厌恶，取悦你或得罪你；“mutatis mutandis”（拉丁文：作适当的变化），你也就能合他们的口味或使他们厌恶，取悦他们或得罪他们。细致入微地观察你自己的感情变化及其动因，你也就在很大程度上理解了全人类。举例来说，当某个人使你感到他的优越，你在知识、才华、地位或财产方面都不如他的时候，你会不会感到受了伤害？那么，你一定要十分小心不要让别人感到你比他优越（即使你确实比他优越）而损害你们之间的友谊。难道你会用烦人的纠缠、狡诈的讥讽、无休止的争辩、引逗、激怒等做法与人结好，取悦于人吗？当然不会。我衷心希望你尽可能同所有的人都建立起良好关系。为一桩小事情而失去一个朋友，是绝对愚蠢的。为一句“bon mot”（法语：俏皮话）而使朋友反目成仇，也是很愚蠢的。如果这样的事情发生在你身上，最精明的做法是装作不知道这话是针对你的，把心中的不快与愤怒压制下去。如果话说得十分明确，你无法装傻，那就跟着大家一道笑你自己好了，承认这句俏皮话说得对，只不过是一句好心的玩笑，用无所谓的大度精神化解一切。当然，绝不能用同样的做法去回敬对方，如果这样做，就说明你感受到了伤害，意在报复。当然，假如真正伤害到你的荣誉与人格，那只有做出适当的回应，我希望你永远不会碰上这样的事。

至于女人，她们是有影响力的，常常对男人有过多的影响。你同她们打交道时（我指的是上流社会的女士，我不愿设想你还会同其他女士交往），值得你多加考虑。她们是一个庞大的、过于健谈的群体，她们的友谊固然对你有利，但她们的怨恨更为有害。以谦恭对待女性，是习惯使然，的确十分必要。但如果你想特别讨好某位女士，她的地位、她的兴趣、她的社会关系对你有用的话，你必须显示出特别的殷勤。最小的关注也会最大地取悦她们。对她们进行有益无害的略加夸张的赞扬，即使言辞略微粗糙，也会被贪婪地吞吃下去，细细嚼咽。对她们的理解力表示赞赏，对她们的建议表示赞同，再加上对她们的美德表示钦佩，足可使她们转过头来对你骤增好感。没有比轻视的表现更使她们大受震动的了。因此，“掩饰”常常是不可缺少的，甚至有时也允许有一点“做作”，如果这能使她们高兴，对你有利，也伤害不到别人。

我在开始写这封信的时候，并未预计到写得这么长。我大概有些自鸣得意，因为我把毕生的经验在你刚刚涉世的时候就教给了你，只要对你有利，我是会不厌其烦的。我常重复地讲某件事情，为了使你年轻的（我估计还有些朦胧的）头脑里刻印得深一些。我觉得为此花时间是很值得的。

名言佳句英汉对照

In order to judge of the inside of others, study your own; for men in general are very much alike; and though one has one prevailing passion, and another has another, yet their operations are much the same; and whatever engages or disgusts, pleases or offends you, in others will, “mutatis mutandis” , engage, disgust, please, or offend others, in you.

为了判断别人的内心，你能设身处地去想就可以了。因为人与人通常都是很相像的。尽管这个人主要的感情是这样的，另一个人的主要感情是那样的，然而，感情爆发的因果关系是相同的。别人做什么事能合你的口味或使你厌恶，取悦你或得罪你；同样的道理，“mutatis mutandis”（拉丁文：作适当的变化），你也就能合他们的口味或使他们厌恶，取悦他们或得罪他们。

（八）健康的体魄让你事半功倍

1749 年 6 月 22 日（旧辑），伦敦

收到 7 日（新辑）的来信，你亲手写的信封比以前的信封写得好，这使我很高兴。我是昨日收到此信的，同时有哈特先生 6 日写的一封信。两封信到的正是时候，因我四五天前发烧，当时正有两位医生在我卧室中为我会诊，此刻烧已退尽。哈特先生说，你时不时地感到肺部隐隐作痛，还有肿块时长时消，但他未提及咳嗽、多痰、出汗。来会诊的两位医生据此认为，既然没有这三种不好的病症，那么，你有时感到的肺部疼痛仅是风湿病的症状，系因肺部肌肉受到压迫，阻碍了肺叶的自由张合。不过不管怎样，肺是人体最重要的器官之一，十分娇嫩，医生们叮嘱你每天喝两次驴奶，山羊奶喝得越多越好。关于你的食谱，他们建议要多吃祛痰疏胸的食物，诸如西谷米、大麦、芜菁等。这些规定既适用于风湿又适用于肺痨，因此，我希望你必须严格遵守。此外，我认为理所当然的是，你已超脱于喜欢不喜欢，一些蠢人沉湎于他们的嗜好，而以损害自己的健康为代价。

我赞成你去威尼斯，但不赞成你去瑞士。我估计你此时已到达威尼斯，为此，此信直接寄往该处。但如你发现该地太过酷热或水质不佳，值此季节，建议你立即去维罗纳，在该地等待暑热退去，再回威尼斯。

等你到了威尼斯，你就可以了解独特的、错综复杂的威尼斯政府组织形式，许多游客对此是一无所知的。要阅读、询问、观察所有相关的事物。此外，还有许多有价值的远古时期遗留下来的文物古迹值得你细心留意。许多英国同胞只是随便一看，就说他们已经到过此地，就像他们在伦敦见到过雄狮雕像、国王骑在马背上的雕像以及伦敦塔似的不当回事。我确信，你能从另一种角度去观察，用诗人的眼光去探究。要观察雕刻家何以能做到使雕像富有生气，画家何以能做到使油画富有生气，能把不同人物的不同性格与情感表现得淋漓尽致。雕像与油画被称作自由的艺术，那是很恰当的。创作者必须有强大的、生动的想象力，有深刻的观察，依我看来，音乐就比不上雕刻与油画，尽管音乐也被称作自由的艺术，如今意大利把音乐置于雕刻与油画之上，这也是这个地区趋向没落的一个证明。威尼斯学派产生过许多伟大的画家，诸如保罗·委罗内塞、提香、帕尔玛……你可以在某些巨宅豪邸中或教堂中见到他们的精品油画。保罗·委罗内塞画的《最后的晚餐》，是他的代表作，值得你仔细欣赏。

尽可能学好意大利语，使你能完全听懂意大利人讲话，并在去罗马与那不勒斯前学会说一点意大利语。有许多卓越的希腊史与拉丁史的作家都是用意大利文字写作的。在意大利诗人中，有两位值得你关注：阿里奥斯托与塔索，他们的诗作无疑具有伟大价值。

替我问候哈特先生，告诉他，我已向医生咨询过他的腿疾，这仅是扭伤，应在痛处紧扎一条绷带，过相当时间再解下来，其他治疗手段都用不着。

（九）钻石须经打磨

1749 年 7 月 6 日（旧辑），伦敦

我现在已不再为你的健康担忧了，我相信你已完全康复。我从各方面得到的消息说明，我也无需为你的学业担忧了。今后，我们之间的通信可以多讲些相对不那么重大的问题，尽管仍是很重要的事情，例如：有关世界的知识、礼节、风度、举止以及所有社交才艺（通常被称为小事），事实上，为了获得更大成就，这些都是不可缺少的。

如果我有古阿斯的魔戒，戴上它就能把身子隐藏起来；如果同时我还有另外一些魔术，从前很普通，现在已罕见，例如许一个愿就能使自己到达某个想去的地方，那么，我的第一趟旅行目的地就将是威尼斯，到那里去看望你，而你却看不到我。首先，我将在你同哈特先生吃早饭的时候，听你们无拘无束、毫无戒备地谈话，从中我想可以很好地判断你的天然禀性。要是听到你在一些很有用的事情上询问一些极其切题的问题，我将多么的高兴！然后，我将跟随你去见一些群体，观察你以何种姿态出现在有见识、有地位的众人面前以及如何应对；你的谈吐是否既可敬又随意；你的风度是否既谦恭又不腼腆。与此同时，我会钻进他们的头脑中去，探知你给了他们何种良好印象。此后，我将在夜晚跟随你去参加集会或晚宴，看你是否举止优雅，是否显出好教养、有礼貌，由此反映出你的知识与才华。要是我听到别人高声地赞扬你，我会非

常乐意现出真身来拥抱你；如果情况相反，我仍将保持隐身，赶紧回家，深感失望。可惜的是，这些超自然的力量，诸如神仙、守护神、精灵、土地神等，曾经有过传达神谕的本事，但已有一段时间不灵了，我只能满足于哈特先生写信报告你的情况，或者从见到你的人们的口述中获悉你的近况。无论如何，我相信，如果你始终想象我随时在你身旁，听你所说的话，看你所做的事，对你是不会造成伤害的。

有一个公认的说法：各种各样的小条件组成法国人所说的“L'aimable”（法语：令人喜欢的），如今你正在进入社会，应该努力去获得它们。没有这些，你即使有了学问也只是迂腐夫子，你的谈话常常会不恰当，听起来叫人不愉快，你的形象尽管本身是好的，看上去也会是笨手笨脚、不讨人喜欢。一颗粗糙的钻石，虽然有它固有的价值，但未经打磨就没有用处，既不能卖，也不能戴。它耀眼的光泽，来自它的坚硬度与内在的紧密黏合，但是，未经最后的擦亮，它将永远是一块肮脏的、粗糙的矿石，搁在某些有好奇心的收藏家的小橱里。我希望，你具有坚硬度与各种才华的黏合，现在，该努力去获得光泽了。如果你能正确地加以利用好的伙伴，他们将把你这块钻石切割成形，并把你擦亮、使你发光。我国派出的大使詹姆斯爵士将于九月中旬去威尼斯，我托他带给你一对鞋子上的钻石扣形饰物，适宜装饰在你那双年轻的脚上而不是我年老的双脚了。它们会使你打扮得漂亮，而对我来说，只会反衬出我的老态。如果詹姆斯爵士在他启程前找到一个可信的去威尼斯的人，也许会托他提前带给你。如果找不到这样的人，你必须在他抵达威尼斯之前先到威尼斯，爵士会通过你的银行经纪人转交给你。到了你这样的年纪，装饰自己不仅不是件可笑的事情，而是恰当的、合乎礼仪的。保持全身清洁，对你自己的健康十分必要。常洗澡，经常用皮肤刷子刷你的身体与四肢，使你既健康又干净。要特别关注口、齿、双手与指甲的清洁，这些都是起码的要求。

信内附有我为你写给法国驻罗马大使尼韦奈先生的一封介绍信。在我看来，他是我一生中所见过的最英俊的人之一。我不知道除他之外，还有谁能适合做你的榜样，你务必尽可能经常去见他，观察他，他会指点你如何才能举止高雅。

你去到各地将见到成群结队的日耳曼人，我亟盼你用德语同他们交谈，以便改善你的德语，同时这也是有礼貌的表示。

我毫不怀疑，你在意大利的逗留会使你精通意大利语，只要你有此决心，就可以做到，因为意大利语是种很规则的语言，因而也是很容易学会的语言。

名言佳句英汉对照

A diamond, while rough, has indeed its intrinsic value; but, till polished, is of no use, and would neither be sought for nor worn. Its great lustre, it is true, proceeds from its solidity and strong cohesion of parts; but without the last polish, it would remain forever a dirty, rough mineral, in the cabinets of some few curious collectors. You have, I hope, that solidity and cohesion of parts; take now as much pains to get the lustre.

一颗粗糙的钻石，虽然有它固有的价值，但未经打磨就没有用处，既不能卖，也不能戴。它耀眼的光泽，来自它的坚硬度与内在的紧密黏合，但是，未经最后的擦亮，它将永远是一块肮脏的、粗糙的矿石，搁在某些有好奇心的收藏家的小橱里。我希望，你具有坚硬度与各种才华的黏合，现在，该去努力获得光泽了。

（十）奠定基础十分重要

1749年7月30日（旧辑），伦敦

前次的信中，我建议你去因斯布鲁克，只因为我反对你去洛桑，我认为去洛桑路程太长，于你身体不宜。不过，你应已发现，在我后来的信中非常赞成你去威尼斯，但愿你已到威尼斯有些时日了，该地非常适合你居住。在此之后，你可以去那不勒斯，然后再去蒂弗或劳巴赫。我特别喜欢去各国的首都，在首都能找到最好的群体，从而才能学到最佳的风度。最好的外省市也总有一些糟糕的地方，同大城市不可同日而语。信中附有两封介绍信供你去那不勒斯使用，系那不勒斯驻海牙的公使菲诺基耶蒂先生所写；下封信还会有另外两封介绍信。

我发现艾因西德兰伯爵非常关注你，使我不安的是，据他说，你不喜欢讲德语，除非对方除德语外根本不会其他语言。如果是这样，你永远讲不好德语。我非常希望你学好德语，到时候你就会发现会讲德语是大有好处的。谁要是不能掌握某种语言，流利地运用这种语言，他就会显得比交谈的对方低一等，临时寻找词汇将阻碍你的思路。既然你现在已能勉强用德语同人交谈，你就应不放过任何机会来讲德语，直到很流利的程度。你有一个萨克森仆人，又到处可以遇到成群结队的德国人，你完全可以有半天的时间来讲德语。你要记住，在你会用意大利文给我写信以前，都用德文来给我写信。

哈特先生关心你风湿病尚未完全痊愈以致影响你的脾气是很有道理的，我也有同样的推测。你必须注意，风湿病很可能在你的血液中留下了脾气不好的影响。你仍应注意饮食，并经常服药，以便降低体内碱性物质的含量，改进呼吸系统。风湿病很可能要回潮，在你这样的年纪，在你旅行期间，重犯风湿病令人烦恼，是很不利的。现在，你的时间就更宝贵了，一个月应能抵得上一年还多，就是说，今后还有“二十年”的时间。你现在是为你未来的品质与幸福奠定基础，缺少一块基石，比缺少五十块上层石块的后果更严重。只要基础结实，上层的建筑总可以修补、装饰的。拿建筑来打比方，我盼望你是建立在托斯卡纳基础上的科林斯殿堂。托斯卡纳型柱有最强大的支撑力，科林斯型建筑则可尽情让你添加装饰。托斯卡纳柱座是粗糙的、臃肿的，不雅观的，没有人会看它第二眼。科林斯型凹槽石柱则是美丽非常，极吸引人。但是，没有坚实的基础，科林斯柱也不会久长，必然要倒塌。

名言佳句英汉对照

You are now laying the foundation of your future character and fortune; and one single stone wanting in that foundation is of more consequence than fifty in the superstructure; which can always be mended and embellished if the foundation is solid.

你现在是为你未来的品质与幸福奠定基础，缺少一块基石，比缺少五十块上层石块的后果更严重。只要基础结实，上层的建筑总可以修补、装饰的。

（十一）调养身体同样重要

1749年8月7日（旧辑），伦敦

收到哈特先生7月18日（新辑）的来信，使我终于明白你前些时的欠安与今后的想法。关于前者，我和肖医生都认为，你的肺部仅是有感染的症候，而风湿病是你必须关注的主要问题，但仍要注意肺部是否曾受感染，是否仍有些微感染。无论何种情况，肺部冷却养生法都是有用的。我说的冷却，是指最终结果使它冷却，并不是要让肺叶受凉。在感到很热，需要凉下来的时候，没有比冰凉的饮料更有害的了。完全成熟的水果对健康是很有益的，但也必须有数量的限制。我认识许多英国同胞因为过多食用水果而死于脑出血。

至于你今后的想法，我非常同意你住在维罗纳而不是威尼斯。威尼斯的水几乎停滞不流动，在这个季节会使空气受到污染。维罗纳空气清新纯洁，据说当地有不少好的团体。马费伊侯爵就很值得你交往。我想，你大可以在九月中旬离开维罗纳，此时酷暑已经消退，然后你再去那不勒斯，但是，我希望你仍要注意肺部的不适。维罗纳的圆形露天竞技场值得你关注，还有其他许多位于维琴察的建筑，都出自著名的建筑师安德烈·帕拉迪奥之手，他的建筑风格是真正古典式的。你不妨花三四天时间去研究五种不同类型的建筑，研究各部分之间的比例，你就可以对那个时代的建筑了然于胸了。帕拉迪奥本人所写的有关建筑的书，对你研究建筑十分有用，可以略去机械部分，如建筑材料、水泥等等。

（十二）立身处世的品质与风度

1749 年 8 月 20 日（旧辑），伦敦

让我们重新开始谈谈人的问题：人们的品质、人们的风度，总之是人们如何立身处世的问题。探讨这些问题会帮助你塑造自身，并了解别人，这种知识对各种年龄段的人都有用，对你这样的年轻人尤其可贵。似乎没有人关注把这方面的知识传授给年轻人，教师们教他们语言以及各种科学，通常不涉及处世；父母们也如此，至少是忽略了此事，其原因或由于个人爱好不在此而漠不关心，或持一种观点认为让孩子们去社会上闯荡是教育他们最好的方法。这后一种想法在很大程度上是正确的，就是说，单凭理论是绝不能认识世界的；实践是绝对必要的。但是，毫无疑问的是，在一个年轻人踏进一个充满迷津、曲折、岔路的世界时，至少携带一份由某些有经验的旅行家绘制的地图总还是需要的吧。

有一些绝对必需的高雅风度，可使最具价值的人物或受到尊敬或使人觉得可敬（即值得尊敬）。

喧腾的嬉戏、胡闹、不时哈哈大笑、开玩笑、恶作剧，以及不加选择的亲密关系，将使人受到轻视。这些东西至多造就一个令人愉快的人，而令人愉快不等于受人尊敬。不加选择地、任意地与人结成亲密关系，既使你那些优秀的朋友感到不悦，又会使那些势利小人对你予取予求，永无止境。一个爱讲笑话的人，几近于小丑。这些人同聪明智慧毫无关系。这样的人进入某个团体并非因为本身的价值与风度，而只是想利用这个团体。

我一再同你讲到风度的高雅，完全不是目中无人的意思，正如真正的勇敢不同于吹牛，真正的聪明不同于戏谑，二者之间毫无共通之处，没有比目中无人更贬损一个人的人格了。

可鄙的谄媚与曲意赞同，与任性冲突、胡闹狡辩，同样地贬损人格，令人厌恶。只有谦和地坚持自己的意见，由衷赞同别人的意见，才是高尚的品质。

行为粗鲁，表情低级，恶劣的动作与谈吐，说明此人禀赋低下，或未受过教育，或常与下流人群交往。

有些人专门对琐碎的事物感兴趣，关注那些不值一顾的小事情，这种人看上去（这么说并非不公平）干不成什么大事。枢机主教雷斯鞭辟入里地指出：红衣主教切奇成不了大器，因为切奇曾告诉他说，他用同一支笔写了三年了，仍完好如初。

外表与动作具有某种程度的严肃，使人显得高贵。脸上常带有得意的傻笑，身体轻轻摇晃，强烈显示出此人的轻薄、无聊。谁要是做事情总是慌慌张张，说明他干不了大事。慌慌张张与抓紧快干，是完全不同的两码事。

下封信中，我将寄给你一份宫廷简介图，这一区域你目前不熟悉，有朝一日你会进入的。其中，道路通常是曲折的，有许多转弯，有时簇拥着鲜花，有时布满荆棘，常常在平坦喜人的表面下隐藏着腐殖泥地与深深的兽穴；所有的通道都是光滑的，而每一次打滑都意味着危险。因此，在你第一次出发的时候，必须谨慎小心，否则，在你有了自己的经验做引导之前，你会不时走错了路或者跌绊、摔跤。

查斯特菲尔德夫人刚刚收到了你用德文写的信，她谢谢你来信，并说语法是正确的。我也见到字写得不错，当然不是说比你写的英文更好。继续不断地用德文写信，这会使你更加熟悉这种语言。

名言佳句英汉对照

This dignity of manners, which I recommend so much to you, is not only as different from pride, as true courage is from blustering, or true wit from joking; but is absolutely inconsistent with it; for nothing vilifies and degrades more than pride.

我一再同你讲到风度的高雅，完全不是目中无人的意思，正如真正的勇敢不同于吹牛，真正的聪明不同于戏谑，二者之间毫无共通之处，没有比目中无人更贬损一个人的人格了。

（十三）政治家既没有爱也没有恨

1749 年 8 月 21 日（旧辑），伦敦

我估计你现在或在威尼斯或在维罗纳。你将很快进入宫廷，虽然你同它们还无直接关系，然而，你所见到、听到的东西是对你有用的，日后你将同它们打交道。宫廷里从来都是表里不一的，缺少成分常常有很大差别，有时甚至是截然相反。各自的利益是真正的发条，由此来建立友谊或解除友谊，树立敌人或化敌为友；或者，更可能的是，既没有真正的友谊，也没有真正的敌人。德莱顿的观察很准确："政治家既没有爱也没有恨。"这是十分正确的。今天，你同两个人结成朋友；明天，你不得不做出选择，朋友成了敌人。因此，在交朋友的时候要有一定程度的保留，不可受制于人，以免日后反目成仇；对你的敌人也要有一定程度的缓和，不要堵塞化敌为友的可能。

毫无疑问的是，宫廷的座位上都是彬彬有礼、极有教养的人，如果不是这样，那么，座位上的人便是屠夫或空无一人。那些相互微笑、拥抱的人，可能相互对抗，厮杀起来。当然，宫廷里占统治地位的两种欲望——野心与贪婪，总会被掩饰起来，必要时才诉诸武力。

一个有才华、有本事的人，无需向宫廷里的人献媚，但他必须十分小心，不能得罪任何人；况且，如果服侍不好那些有权势的人，你就很可能受到伤害。荷马说，有一根铁索链把朱庇特与世俗人们相联结。在所有的宫廷里，都有一根铁索链，把王侯或大臣同房后楼梯上的男侍或女侍联结起来。国王的妻子或情妇会施加影响于男侍；一个情人也会施加影响于女侍；女侍或受宠的男侍也会反过来影响其他的人……直到无穷。为此，如果你想攀缘这根链子去接近国王的话，就绝不能去打断这根链子。

我刚刚收到弗明男爵写来的一封信，使我很高兴。信中对你十分赞扬，为此我要转告给你。我相信，毫无疑问，你会把对你的种种称赞保持下去。男爵的信中有如下一段描述："尽管他还非常年轻，但他的仪态完全符合有智慧、有道德的人们无例外地必须遵守的规则。他对各方面的学习极其努力（这正是我所喜欢见到的），包括高雅的文学修养，丝毫没有炫耀、卖弄的表现，这都是你关怀的结果。我荣幸地向你保证：每一个人都以能够结识他、成为他的朋友而喜悦。我在此地与维也纳都因认识他而受益。他答应同我继续通信，使我十分高兴。"尊敬，如同健康，都需要保持并不断改善。你应继续渴望赞扬、值得赞扬，那么你也一定会得到赞扬。学识加上仪态，必定使你成功。

名言佳句英汉对照

As Dryden very justly observes, Politicians Neither Love Nor Hate. This is so true, that you may think you connect yourself with two friends today, and be obliged tomorrow to make your option between them as enemies; observe, therefore, such a degree of reserve with your friends as not to put yourself in their power, if they should become your enemies; and such a degree of moderation with your enemies, as not to make it impossible for them to become your friends.

德莱顿的观察很准确："政治家既没有爱也没有恨。"这是十分正确的。今天，你同两个人结成朋友；明天，你不得不做出选择，朋友成了敌人。因此，在交朋友的时候要有一定程度的保留，不可受制于人，以免日后反目成仇；对你的敌人也要有一定程度的缓和，不要堵塞化敌为友的可能。

（十四）远离政治旋涡

1749年9月5日（旧辑），伦敦

我收到你8月17日（新辑）从劳巴赫寄来的信，并附有致拉斯卡里斯伯爵的信，我已转交给他，他非常高兴。令人十分欣慰的是，你到了每一个国家都去了解该国的政治情况。除此之外，商业与工业也是重要的方面。陆军与海军，是显示国力的象征，如果没有工商业的支持，他们的工资很低，战斗力自然就很差。你一定在德国见到了有些国家国土广袤、人口众多，但因缺乏工商业的支持，军队素质极差，简直毫无用处。最近我们可以见到两个例子：德国与俄国的两位女皇，英国、法国、西班牙必须为这两个相对而言算是盟国的德俄两国付钱养军队，如果不付钱，就结不成同盟了。

我丝毫不反对你去游览自然风光，但是，政府结构、政策原则、国力的强弱，以及工商业情况，应是你需观察的主要问题，必须加以关注，详细询问。

你在意大利的许多地方，特别是在罗马，一定会遇上一些觊觎王位的人（从英格兰、苏格兰、爱尔兰逃亡出去的），还可能遇见觊觎王位者本人。你同这些人无关，不必同他们作对，最好完全保持中立。以高贵的姿态离他们越远越好。如果无法避免见面，那么，不要同他们谈政治问题，也不要同他们争论；对他们说，你不关心政治事务，不关心国王的废立，你离开英国后，再也没有听说国王的生死，也未听说发生革命。说你碰上哪位国王就是哪位国王，再也不去思考，因为这些事情对你没有用处，谈论这种问题也许还会引起争吵。如果你同那位年老的觊觎王位者谈话，你应称呼他“谢弗勒圣乔治”，不过，使用这个称呼越少越好。如果他在某次集会上跟你交谈（据我所知，他有时专门找英国人谈话），那么一定要表现出你不认识他；客客气气地用法语或意大利语回答他，称呼他“先生”（“Monsieur”或“Signore”）。如果你遇见约克枢机主教，也以礼相待，但切勿谈及更换国王之事，这些人都抱着幻想，称谢弗勒圣乔治为国王。

我请拉斯卡里斯伯爵把你写给他的信让我看看。我高兴地见到你的信写得自然、流畅，法文用得很正确，只是在修辞方面有个别欠妥之处。

（十五）假设一场同英国人的谈话

1749年9月12日（旧辑），伦敦

听起来奇怪，然而非常真实的是：我从各个渠道收到有关你的好消息，我的挂虑反而增加了。我给了你许多允诺，我害怕你可能对我产生一点点失望。你已如此接近港湾——我长期以来所希冀并精心建筑的安全港，而我反倒越来越关心你这条船会不会在港口在望的时刻被撞沉没。因此，此信的目的（把作为父亲的权威搁置一边），只是作为一个彼此有感情的朋友来向你恳求，务必继续刻苦勤奋地完成你近来进展甚好的学业，如今就要接近完成了。我的愿望、我的计划，是让你在学识方面、社交方面都成为出类拔萃的人物，很少人能达到这种地步。

有些人通常把学问高深拿来炫耀，或者成为仪态失修的迂腐夫子；另一种人，虽然彬彬有礼，却既缺禀赋又少知识，结果自然免不了遭人轻视，到处闲逛甚至踯躅小巷，碌碌无为。你现在已经越过了枯燥的、困难的阶段，遗留的部分只需占用更多一些时间，并无多大困难。你因患病丧失了一些时间，必须把时间找补回来，否则便永不复得。因此，我最衷心地盼望，为了你自己的好处，在未来的六个月中，每天上午至少拿出六个小时来，作为不可侵犯的神圣时间，排除干扰，专心听哈特先生的讲解。我不清楚他对你是否有这样的要求，不过，我清楚的是，我希望你能如此去做。这不仅是合理的，而且也是有用的。晚上应当用来娱乐，我不仅允许，而且鼓励你去参加集会、舞会、观光、同优秀人物交往；只有一个限制，就是晚上的娱乐活动不得影响次日上午的学习。在你这样的年纪，当有人提议上午聚会时，你无需羞于拒绝，因你必须受教于哈特先生。那些无所事事的人有的是时间，他们总想让别人也同他们一样浪费时间，他们是无理智可言的，以为能邀请到你，是他们的荣幸。最简单、有礼貌的回答就是："我不能，我不敢"，而不要说"我不想去"。我估计，你在罗马会遇上一批素质低、少教养、整日晃荡、无所事事的英国人，成群结伙，大吃大喝直到半夜，还少不了醉后闹事。我凭想象给你编一个如下的模拟的对话：

英国人：你明天能来同我共进早餐吗？你会见到四五位同胞，我们已准备好游览马车，吃了早餐可以去城外玩玩。

斯坦厄普：非常抱歉，我去不了，整个上午我必须留在家。

英国人：是吗？那么，我们就过来同你共进早餐吧。

斯坦厄普：那也不行，我们已有安排。

英国人：那好吧，明天再说吧。

斯坦厄普：跟你说真话吧，哪天上午都不行，因为我在中午十二点以前从不出门，也不会客。

英国人：你有什么事，非得搞到十二点？

斯坦厄普：我不是独自一人，还有哈特先生。

英国人：你同他有什么事？

斯坦厄普：我们学习各种事情，读书，交谈。

英国人：那倒确实是很好玩的。你是受了什么人的命令吧？

斯坦厄普：是的，我父亲的命令，我认为，我必须遵守他的命令。

英国人：你怎么没有自己的主意，要听千里以外一个老家伙的话？

斯坦厄普：我要是不听他的话，他就不管我的饮食了。

英国人：怎么？那个道学先生这么威胁过你吗？不要理会那些威胁。受威胁的人不会长寿。

斯坦厄普：不，他一生中从未威胁过我。不过，我认为我最好不要违拗他。

英国人：呸！不就是接到老家伙一封发火的信吗？正好，从此就做个了断。

斯坦厄普：你大大地误解他了。他为我做得比他对我说的还多。他从不对我发火。不过，要是我违拗了他，我确信，他是不会宽恕我的。他会冷冷地等候着，而我就得请求他、乞求他，把心窝子的话都掏出来也不见得有用。

英国人：那么，他一上午只管给你灌希腊文、拉丁文、逻辑学……我也有保姆，不过我从来不随着他念书，这个星期我不怎么见他的面，就是再也见不到他，我也无所谓。

斯坦厄普：我的保姆为了我好，绝不让我做出不理智的事情，我喜欢同他在一起。

英国人：真受启发！相信我的话吧，照这样的速度下去，你就会成为一个非常优秀的年轻人！

斯坦厄普：这对我也不坏啊！

英国人：那么，明天晚上你来我们这里好吗？我可以找到十个人，我有一些最上等的葡萄酒，我们一定会过得很开心。

斯坦厄普：对你的邀请我很感激，不过我明天晚上已经安排满了。

英国人：真见鬼，你怎么总喜欢同外国人在一起？我从不参加他们的各种俗套仪式。我同他们在一起浑身不舒服，不知是什么原因，我总是耻于与他们为伍。

斯坦厄普：我既不感到羞耻，也不感到害怕。我同他们交往觉得很轻松，他们对我也很随和。我学到语言，在同他们交谈中了解他们的性格，难道我们出国来不就是为了这些吗?

英国人：我讨厌那些女人群体，所谓的时髦妇女，我真不知道该称呼她们什么。

斯坦厄普：你同她们交谈过吗?

英国人：不，我从不同她们交谈，只不过有时候同她们也有接触，但并不是出于我的本意。

斯坦厄普：至少她们不会伤害到你啊!

英国人：那倒是真的，我承认。不过，不管怎么样，我情愿用半年时间同外科医生打交道，也不愿整年围着时髦女人转。

斯坦厄普：你知道，人们口味不同，每人都有各自的口味。

英国人：那倒是真的，不过，斯坦厄普，你的口味真见鬼! 每天上午都同一个保姆在一起，每天晚上参加上流聚会，还要每天害怕远在英国的老爸!你真是个怪人，我怕你什么事情都干不成。

斯坦厄普：我也怕这样。

英国人：那么，好啦，祝你晚安，我希望你不反对我今晚痛饮一场吧。

斯坦厄普：我一点也不反对，明天你病了，我也不反对。那么，好啦，也祝你晚安!

如你所见，我有意为你编一些更强有力的雄辩，我确信，如果你遇上这样的对话，出于对我的感情，对哈特先生的友情，出于你自己的道德，并为了向所有的人——所有的儿子、学生与公民尽一份责任，一定会说得更加慷慨、激愤。这样的雄辩将把那些浅薄的玩偶砸个粉碎。让他们去无知妄为吧，让他们去干肮脏的勾当吧。他们一定会尝到严重的后果的，到时候已悔之晚矣。我亲爱的孩子，你继续按你的道路走下去，你一定会成功的。

名言佳句英汉对照

Deep learning is generally tainted with pedantry, or at least unadorned by manners : as, on the other hand, polite manners and the turn of the world are too often unsupported by knowledge, and consequently and contemptibly, in the frivolous dissipation of drawing-rooms and ruelles.

有些人通常把学问高深拿来炫耀，或者成为仪态失修的迂腐夫子；另一种人，虽然彬彬有礼，却既缺禀赋又少知识，结果自然不免遭人轻视，到处闲逛甚至踯躅小巷，碌碌无为。

（十六）心不在焉是个大毛病

1749年9月22日（旧辑），伦敦

亲爱的孩子，如果我相信世界上真有爱情药水，我会怀疑你必定给了查尔斯·威廉姆斯爵士一些爱情药水，他讲起你来神采飞扬，不仅当我的面，对别人谈起时也那样。我不想对你重复一遍他所讲的，说你的学识如何广泛、如何正确，因为你听了或许会骄傲起来，或许会使你认为自己已有足够的学问，没有人能比得上。你可以轻易想象到，我向他询问了许许多多的问题。关于你的性格与学识方面，他的回答使我十分满意，但他也观察到了你在谈吐、风度、仪表方面的情况，我就不怎么满意了。他说，你在团体活动中，常常是最惹人注目的，你显得漫不经心，随随便便，心不在焉；你进入大厅作自我介绍时，非常局促不安；你在餐桌上总要掉刀叉、掉餐巾、掉面包等等；你忽略衣着、外表到这样的程度，像你这样年龄的青年是不可原谅的，尤其对你来说，更加不可原谅。

这些事情，对于未涉世事的人们来说，似乎都是些小事，其实并非小事。我在这方面总不放心你，因此一再劝诫你。我可以直率地告诉你，在我未听到别人有完全不同的描述以前，我是会坐立不安的。参加集体活动，没有比心不在焉、漫不经心更得罪人的了。这无疑表明你对大伙的轻视，而人们是从不宽恕遭人轻视的。从我来说，我情愿同一个死人做伴，也不愿同一个心不在焉的人做伴。因为死人虽然不会使我快乐，至少也不会显出轻视我；而一个心不在焉的人，始终默默无言，十分明显地表示他认为我不值得他的重视。此外，一个心不在焉的人还能注意观察周围人群的不同性格、风度与习惯吗？不，他在一生中也许参加了许多优秀人物的集体活动（如果他们接纳他的话；而如果我是他们，我是不会接纳他的），但他将一无所获。我绝不会去同一个心不在焉的人交谈，那还不如同一个聋人交谈呢。我要给你一个警告：我们见面的时候，如果你身在心不在，我会立刻抽身走开，不可能再留在房间内；如果你在餐桌上一再掉刀叉、掉盘子、掉面包等，或者切割一只鸡翅要费上半小时，或者你的衣袖跑到别人的盘中去了，我一定会立刻站起身来离席而去。我期盼你所有的动作都显得优雅，尤其谈吐不俗使人乐于倾听；我期盼你衣着不仅整洁而且要入时。我坦率对你讲，如果我见不到这些，我们之间就不必多交谈了，以免损害我的健康。生活中常有这样的事：一个人即使有真正的价值，学问很大，也会因缺乏风度而不受人尊敬。

我很高兴你安全地收到了钻石扣子，它们可以装饰在你的鞋上，不要让袜子挡上。如果有了这样的装饰，使你看起来像个异乎寻常的纨绔子弟，我将感到遗憾。不过，我断言，宁可你被看作纨绔子弟，也不要被人看作一个邋遢人。

哈特先生告诉我，你在病愈后长高了许多。如果你现在已有五英尺九英寸，甚至十英寸，你会有一副好身材，再加穿着好些，仪态好些，就会大受欢迎。这些方面对一个人的好处，普通人是想不到的。大思想家培根勋爵称之为“一封介绍信”。

名言佳句英汉对照

For my own part, I would rather be in company with a dead man, than with an absent one; for if the dead man gives me no pleasure; at least he shows me no contempt; whereas, the absent man, silently indeed, but very plainly, tells me that he does not think me worth his attention.

从我来说，我情愿同一个死人做伴，也不愿同一个心不在焉的人做伴。因为死人虽然不会使我快乐，至少也不会显出轻视我；而一个心不在焉的人，始终默默无言，十分明显地表示他认为我不值得他的重视。

（十七）不可与粗俗之人为伍

1749 年 9 月 27 日（旧辑），伦敦

粗俗的思想、行动或言语，意味着缺少教育，习惯同低文化水平的人为伍。年轻人常常在学校中沾染这类毛病，或与仆人相处沾染这类毛病。但当他们经常同优秀人物来往时，必须把这类坏毛病放置一旁；否则，优秀人物群体只好把他们搁置一旁。各种各样的粗俗，是数不尽的，我无法向你一一指出。但我可以列举一些例子，其余的你可以以此类推。

一个粗俗的人，喜欢吹毛求疵，猜忌他人，热衷于琐事。他怀疑别人小看了他，以为人家谈什么事情都是指的他。如果大伙笑了，他就猜测是在笑他，从而愤怒起来，说出某些荒唐的话，使自已陷入窘境。一个上流社会的人，从不把自已设想为别人思量、审视或谈论的唯一对象或主要对象；从不怀疑自已被人小看或嘲笑，除非他意识到他确该受此对待。鉴于他超脱琐事，就不会热衷于琐事，即使碰上一些琐细的事情，也会退避犹恐不及，而不是纠缠进去。一个粗俗的人把主要兴趣放在家务事上，关注仆人的情况，关注本人在家族中能否保持他的地位，喜欢谈论街坊邻居的轶事趣闻，喜欢传播流言蜚语。

语言粗俗是另一个显著特征。上流社会的人最忌讳的莫过于此。粗俗的人把陈词滥调作为花朵来修饰自己的语言。他不懂得不同的人有不同的口味，不懂得这条谚语："对这个人来说是肉，对那个人来说是毒。"

谈吐粗鄙，姿势与动作不雅，明显说明此人缺乏教养，常与粗俗人为伍。不可能设想，一个人常与上流社会交往而不受益，至少在气质与风度上会有所改进。一个新擢升的人，往往局促、笨拙，如在一两个月后还无明显改进，他就不可救药了。粗鄙的人如果帽子不戴在头上，就茫然不知该如何将其拿在手中。如果他还拿一根手杖，就一定会碰翻茶杯、咖啡杯，首先把杯子打碎，然后随着杯子一起倒下。如果他腰间挂着一柄剑，这柄剑不可避免地只能磕绊他自己的双腿，以至其摔倒路边。他的衣服如此不合身，以至紧紧裹在他身上，就像个囚徒。他在一个聚会中出场，就像犯人上了法庭。他的气质决定了他的为人。

在一个公众集会上，一位风度翩翩的讲演者，有优雅的姿态，又有英俊的身材，随和的气质，肯定会胜过一位虽然学识丰富但缺乏其他装饰的讲演者。在事务往来中也有同样情况。在宫廷与谈判中，更是如此。你赢得了对方的心，即使对方小心谨慎，十之八九也会把他们的心思透露给你。考虑到这些事情的重要性，确实值得你追求，不要浪费一分钟。

你的朋友——那个撒马利亚人孟德斯，昨天来我家晚餐，他有个好品质，为人慷慨大方，才华倒不见得高。他告诉我，你的身高已超过了我，我听了很高兴。我亟欲你在各方面都超过我。你能出类拔萃，只会使我欣喜。他谈到不少有关史蒂文斯的好话，我很高兴你同他们接触，也许对你的未来会有帮助。如果你遇到这样的英国同胞，可以多多结交。查尔斯·威廉姆斯爵士在伦敦不断为你褒扬。如果还有三四个或更多的人在你回国前为你褒扬，你只要在伦敦露面就会有好结果。

名言佳句英汉对照

A man of fashion does not suppose himself to be either the sole or principal object of the thoughts, looks, or words of the company; and never suspects that he is either slighted or laughed at, unless he is conscious that he deserves it.

一个上流社会的人，从不把自己设想为别人思量、审视或谈论的唯一对象或主要对象；从不怀疑自己被人小看或嘲笑，除非他意识到他确该受此对待。

（十八）良好教养的重要性

1749 年 11 月 3 日（旧辑），伦敦

自从你一出生，我就立下一条原则——树立一项我最喜爱的目标：把你尽可能培养成为一个最完美的人。从这一思想出发，我从不吝惜为你受教育所付的费用。我相信，教育而不是天生品质，才是形成人们巨大差别的根本原因。当你还是个幼儿的时候，我努力培养你崇尚美德、崇尚荣誉，那时你还无法理解美德、荣誉的价值与用处。那些原则，现在你已获得，就像文法的规则，要死记硬背；而今，我以为你已从理智层面来认识它们，并牢牢地将它们巩固起来了。这些道理确实很平常、很清楚，搞懂它们并不难，按此实行也不难。沙夫茨伯里爵爷说："可以恰如其分地打个比方：一个人为了自己修饰他的美德，尽管别人不知道，正如这个人为了自己洗涤干净，尽管别人并未见到。"

因此，在你已能运用理智去掌握美德之后，我不再在信中谈论这些题目，它们本身会讲话，且比我讲得更好。我现在只想严肃地警告你：切勿落入不名誉与恶行的泥潭或烈火。我估计，我的这一期望定会得到完全实现。我的下一个题目是：学好有用的学问。从你近来的表现来看，你已很好地答应了我的要求，我有理由相信，你一定不会辜负我的愿望。目前遗留下来的问题还需要我加以提醒，谆谆教诲，甚至可以说下达命令、坚决强调的是：要有良好的教养；没有良好的教养，即使有其他的好品质也只能是单腿跛行，只能是质地粗糙，从一定程度来说，没有用处。而我有太多的理由担心你在这方面大大欠缺。因此，此信要着重谈谈这个问题。

一位你我都认识的朋友为“良好教养”下了一个恰当的定义：“良好教养是一个综合的结果，包括见识高超、本质良好、为他人利益能自我牺牲，并打算也从他人处获得同样的宽恕。”若此说不谬（我想是不会有人反对的），我感到震惊的是，有高超见识与良好本质的人（我相信二者你都具备），有可能在良好教养上完全失败。至于说到良好教养的模式，的确要因人、因地、因不同的环境而定，只有通过观察与经验才能体会，但其实质是人人相同、处处相同的。在特殊的社会群体中，指的是良好的仪态与风度；在一般情况下，指的是人格高尚、稳妥可靠、具有凝聚力。制定法律是为了增强人们的道德力量，至少防止道德败坏所起的坏作用。因此，良好教养有一定的准则，普遍适用于社会，为大众所接受，以扬善惩恶。而对我来说，判罪与惩罚是没有多大区别的。不道德的人，侵犯他人的财产，活该上绞架；而缺乏教养之人，侵犯与干扰他人生活的平静与安适，公众一致认为，拒绝同他们来往是公正的。相互称赞、相互关注、做一点微弱的自我牺牲，是文明人类共同相处的自然与必需的“契约”，正如国王与臣民之间具有保护与服从的相互关系，无论何种情况，有人破坏了这种契约关系，必然丧失了原本因契约关系所产生的全部好处。至于从我来说，我确实认为，即使不是在有意识地做一件好事，那么，客气一点总是能让人高兴的；我最尊崇的一个表述，即使比不上亚里斯泰迪斯的语言，那就是“良好教养”。良好教养表现在各个方面，我只能举一些例子来说。

很少有人——几乎没有这样的人——对他们认识到的比自己无比优越的人们缺少恭敬，诸如：头戴皇冠的人们，王子王孙，以及身居高位者或公众名人。但是，人们显示出的恭敬各有不同。上流社会人士在自然、轻松、不经意间，就能充分地表达出他们的恭敬；而一个未与优秀群体经常来往的人，只能笨拙地表达他的恭敬，因此不习惯于显示恭敬。为此，在群体中，要学会轻松自如、不卑不亢、风度优雅地对人显示出恭敬。这就需要从你自己的观察与经历中获得知识。

在一个不同地位的人混杂的群体内，允许一个人加入，就意味着大家平等相待，没有什么特别敬畏、特别尊敬的人，因此人们的行为比较随便一点，相互较少戒备，只有若干界限不可逾越。但在这种情况下，人们彼此之间也要求以礼相待，这才公正。轻松随和一点是允许的，但漫不经心、不拘礼节便须严格禁止。如果有人缠着你，同你谈一些很沉闷或很琐碎的话题，切勿显示出你不在注意听，似乎你把对方当成傻瓜、笨蛋，他的话不值一听。这么做比粗鲁更糟，简直就是野蛮。尤其对待妇女更不可如此。你在集体活动中，绝对不可侵占属于公共的权利，诸如最好的位置、最好的菜肴等，相反，应当把最好的东西谦让给别人，那么，人家也会把好东西谦让给你。这样，从总体来说，到时候你也就享受到了你的一份公共权利。

良好教养的第三种情形，一般的人往往做不好。我指的是，与最熟识的朋友、最亲近的朋友或确实不如你的人们相处时，不但允许更大程度地轻松，无拘无束，而且可以充分享受到适当的私人社交生活带来的舒适。不过，那种轻松自由也有界限，也不能违反。但凡有所疏忽与冷淡，在那些确实不如你或假设不如你的人看来，就会成为伤害或侮辱了。常常见到几个朋友之间高高兴兴地自由交谈，会突然中断，因为自由常常会变成肆无忌惮。用实例来解释最清楚，假设你同我单独在一起，我相信你会允许我有足够权利完完全全无拘无束地与你做伴，我也多半会相信，你也会认为你也能同样地无拘无束。但是，尽管如此，你会以为我真的认为可以自由得毫无界限了吗？我要向你强调：你不该有那种想法，我知道我自己必定会用某种程度的良好姿态来约束你。如果在你跟我讲话的时候，我显示出明显的心不在焉，在思考另外与此事全不相干的事情；如果我不断打呵欠，抽鼻子，打断你的谈话，那么，我该想到，我的行为简直像头野兽，再也别想你会常来看我了。不，同最熟识、最亲近的人相处，也要有某种程度的好教养，以便维持与巩固这种联系与友谊。即使夫妻之间，或情人之间，日夜都在一起，如果把好教养通通放到一边，亲切感情也会很快贬低到一种粗俗的亲密关系，无可避免地产生轻视与厌恶。我们大多数人都有糟糕的一面，而揭露别人的弱点，则是无教养的放肆的表现。我当然不会用俗礼来束缚你，繁文缛节对我们只有损害，但我也一定会观察你有何种程度的教养，首先是体面，我确信，保持体面是使我们能够长期相处所绝对必需的。

在有关好的教养这件重要事情上，我不想再多说，此信已写得太长，但是，今后我仍将不断提醒你，使你记忆常新。我还要复述以下一些格言，来结束此信：

只有高深的学问，缺乏良好的教养，则不受人们欢迎；只有烦人的迂腐气，除了自己的书斋，别无他用，因此可以说是用处很小甚至毫无用处。

一个缺少完美教养的人，既不适宜进入优秀团体，进去了也不受欢迎，因此，此人也会很快不喜爱这一团体，进而与它断绝关系，陷入孤独，甚至更糟糕，去同坏人为伍。

一个缺少好的教养的人，完全不适宜交往，也同样完全不适宜事业上的往来。

亲爱的孩子，我恳求你，让良好的教养成为你思想与行为最重大的学习课题，为此哪怕花上半天时间。细心观察有良好教养、出类拔萃的人物，模仿他们的行为与风度，不，努力去超越他们，这样才能赶上他们的水平。你要相信，就各种各样的品质而言，良好教养的重要性犹如慈善心在基督教美德中的地位。看看：慈善心如何使基督教美德更受人称赞，而缺乏慈善心又如何遮蔽了基督教的美德。但愿你更受称赞而不受遮蔽。

名言佳句英汉对照

I am convinced that education, more than nature, is the cause of that great difference which you see in the characters of men.

我相信，是教育而不是天生品质，才是形成人们巨大差别的根本原因。

（十九）文采斐然会为你加分

1749 年 11 月 24 日（旧辑），伦敦

每一个有理智的人都会为自己提出一些比“吃喝拉撒”更重要的目标。他渴望出人头地。当凯撒在暴风雨中上岸时说，他能否活下来并不重要，而绝对重要的是他必须去到他要去的地方。普林尼留给世人唯一的选择是：要么做些值得被写下来的事情，要么写些值得被阅读的东西。我相信，在你的头脑里，已经有了其中之一或二者皆备。但是，你必须知道并运用必要的方法，否则你将碌碌无为，一事无成。知识必须要有装饰，不仅要有“重量”，而且还要有“光泽”，否则，黄金被当作了铅块，这是常见之事。你有知识，还会增多，我对这方面不担心。但是，作为你的知己，我的责任不在称赞你已有的知识，而是毫无顾虑地告诉你，你还欠缺些什么。我必须坦率对你说，我担心你除了知识之外，别的什么都缺。

近来，我给你写信已谈了许多有关教养、谈吐、风度等题目，此信将谈另一个题目，同上述问题很接近，我确信你还未能掌握的，那就是文体。

文体是思想的衣裳。就算思想很恰当，如果文体是拖沓、粗糙、粗鲁的，那么你的话就不中听，你就像是穿着破衣烂衫，得不到好评。不是每个人都理解，凭文体就可以判断一个人，但是，每一只耳朵可以或多或少地对文体做出评判。假设我要对公众讲话或写作文章，我情愿选择较温和的内容，但在文体上修饰得美轮美奂，而不情愿用蹩脚的语言文字用、笨拙的方式方法去谈论世界大事。你未来的事业是在国外开展协商谈判，回国后在下议院作演讲。在这两种情况下，如果你的文体不雅致，你会给人什么样的形象而会受到我的批评呢？让我们来想象一下：你在给一位国务大臣写一件公文，这件公文将会在内阁会议上宣读，很可能此后还会呈交议会，公文上如有任何不规范、语法错误或俗词语，几天之内，整个王国将传遍你可笑的不名誉的错误。

有句话说得非常好：人必须生来是个诗人，方能使自己成为一个演说家，而演说家的第一条原则正是运用自己的语言，尤其是要用最纯净、最流利的语言。一个人讲外国话时即使出了大错也会受到原谅，但运用本国语言文字，即使最小的纰漏也会被人逮住，受到嘲笑。

你已在研读三四位最优秀的英文作家的著作：德莱顿、阿特伯里与斯威夫特，应最细心地阅读他们的作品，特别注意他们所用的语言文字。现在在欧洲的英国人，很少能助你改进语言，我敢说，其中许多人运用本国的语言文字同你一样糟，也许更糟。因此，你必须努力更多地向著名作家与哈特先生求教。无需我来告诉你：罗马人、希腊人，尤其是雅典人，是如何关注这件事的。在意大利和法国，有专门从事语言文字研究的机构，只要访问他们有关的学院与辞典编纂者，就可以了解他们是如何在改进本国的语言文字的。说来惭愧，我们国家在这个方面比任何礼仪之邦都差。但这不是你可以忽视的理由，相反，你掌握得好可以使你更加出众。西塞罗说得好，在言词上超过他人是光荣的，正是在这方面，文明人超越了野蛮人。

经验告诉我：无论演说家或作家，文体纯净流畅，再加上优雅的雄辩，能遮盖大量的事实错误。从我来说，我承认（我相信许多人也同我一样），如果听到一个演讲人说话磕磕巴巴，文理不顺，语法错误，或屡次运用通俗词语，那么，我再也不愿听他演讲了。要抓住听众的心灵，否则什么也抓不住，而只有通过耳朵和眼睛才能到达他们的心灵。只凭人品与学问不能赢得人心，心灵要靠打动。此点务请你切切牢记。要用你的谈吐、气派、动作来吸引人们的眼睛，用流畅和谐的语言词汇来使人们听得顺耳。我要再反复对你言明，除了你已有的与将有的知识以及一切好品质之外，如果没有优雅的谈吐，没有潇洒自如的风度与全神贯注的气势，没有流利的口才与文才，你必定成不了大器。

你已经研究并读过"昆体良"，这是世上造就演说家的最佳课本；此外，还应研读"演说家西塞罗"。把它们从拉丁文、希腊文与英文几种语言间反复转译，使你自己拥有一种纯粹的、流畅的英国文体，反复练习，自能成功。我未发现上帝把你创造为诗人，我很高兴他没有这么做，因此，把你自己训练成为一位演说家，那是你可以做到的。虽然我还称你"孩子"，但我认为你已不再是孩子。当我想到我在你身上所施的大量肥料时，我期望你在十八岁时的成就比一般人在二十八岁的成就更大、更多。

名言佳句英汉对照

Pliny leaves mankind this only alternative; either of doing what deserves to be written, or of writing what deserves to be read.

普林尼留给世人唯一的选择是：要么做些值得被人写下来的事情，要么写些值得被阅读的东西。

（二十）认识人的复杂本性

1749年12月19日（旧辑），伦敦

有关人类的知识对每个人来说都是很有用的知识。对于命定要同公众打交道的你来说，这是十分重要的。你将同各色各样的人物接触，为此必须对他们有透彻的了解，方能稳操胜券。这种知识无法系统获得，只能通过你自己的观察、凭你自己的聪慧去琢磨。我将给你一些提示，也许对你有用。

我经常告诉你，就人类来说，我们绝不能从某些特定的原则（尽管大体上说它们是正确的）来引出普遍性的结论。我们绝不能假设：因为人是有理智的动物，因此他们的行动都是有理智的；或者说，此人有这样那样的高尚情感，因此他必将持续不断地、永无改变地追求他的高尚理想。不，我们都是复杂的机器，尽管我们有一根主发条，能开动整个机器，但是，我们还有无数小齿轮，说不定什么时候就会磨损，以至放慢、陡然降速甚至使机器完全停止运动。让我来举个例子：假设一个人的雄心是成为一位国务大臣，一位能干的大臣，那么他会不会始终追求这一目标，不变初衷？我能否确信，因为他应当如何如何做，因此必定如何如何做？不，完全不是。生病或情绪低落，可能大大影响他的激情；想入非非或刚愎自用可能糟蹋了他的壮志；也许，自卑自怯的心理压倒了原有的雄心。一位有野心的政治家是否喜欢谈情说爱？在同他的妻子或情人卿卿我我的时候，任何失检、泄密的言行都会摧毁他的前程。他是否贪得无厌？一些赚钱的大好机会突然出现在他眼前，也许就会冲垮他实现政治目标的全部计划。他是否易动感情？与他人的摩擦或冲突也许会激起他的狂怒，让他不顾一切，最终毁掉自己的主要事业。他是否虚荣，喜欢被吹捧？那么，巧妙的谄媚将把他引入歧途。甚至，在某些时候，懒惰会使他忽略或越过了必要的步骤，而无法到达他的目的地。为此，对你打算结交或影响的对象，首先要弄清他的性格——占支配地位的激情，并了解他的感情弱点。在许多情况下，你也许无力帮助他实现他的激情，那么，只能退而求其次。有许多道路通向每一个人，如果没有笔直的大路可走，那么就试走迂回小径，最终总会达到目的地。

有两种不协调的感情，却常常联结到一起，就像丈夫和妻子；并且，也同夫妻关系一样，通常会相互阻碍。我指的是雄心与贪婪，而后者往往是前者的根源。看来，枢机主教马萨林正是这种情形。他做任何事情，在任何事情上让步或宽恕任何事情，都是为了掠夺财富。他喜爱权力、追求权力，因为权力能为他带来利益。如果只从枢机主教马萨林的政治野心去了解此人、判断此人，必然会犯错误。相反的例子，枢机主教黎塞留占支配地位的激情看来是政治野心，而他的巨额财产仅仅是实现政治野心自然获得的报酬。然而，我毫不怀疑的是，马萨林也有政治野心，黎塞留也有贪婪之心。黎塞留是人类本性复杂的强烈证明。当时，他支配了他的国王、他的国家，并在很大程度上决定了欧洲的命运。比起嫉妒西班牙的强大，他更嫉妒高乃依的声望；比起受人称赞是欧洲最伟大的政治家来，他更得意于被人称赞为最优秀的诗人（他当然不配）；他抨击熙德，也无损于他的事业。如果一个人不知道这些都是事实，他会认为是可能的吗？尽管人的身体结构是一样的，但其中的各个组成部分在每个人的身上具有很不同的比例，没有两个人是完全相同的，每个人在不同的时间也不是一成不变的。最能干的人有时候很软弱；最自豪的人有时很卑劣；最诚实的人有时做坏事；而最狡诈的人有时也会做好事。在描画每一个人时，如果你按他占支配地位的激情来打轮廓，那么，你需要等到发现并了解他较坏的感情、口味与怪念头时，才能画上最后一笔。一个人也许是世上最诚实的人，对此无须争论，你在他的眼中也许被认为有嫉妒心或本质差劲；但是，与此同时，切勿对此人的德行相信得过分，以致把你的一生、把你的幸福通通交到他的手里。这位最诚实的人也许会正好成为你在权力、利益或爱情上的对手，这三个方面往往使诚实受到最严格的考验。

对那些具有某种美德而名声大噪的人，对那些比其他人都高出一头的人，对那些同什么人都表示亲近的人，一般说来，都应该怀疑一下。我说要怀疑他们，因为他们通常都是江湖骗子，但也不能说死，因为，我就知道某些圣者的确信仰虔诚；有些说大话的人的确勇敢；有些改革家的确诚实；有些一本正经的人的确淡泊无争。

在年轻人中间，友谊常常不能坚持始终，它们常常伴随着共同的乐趣，以此为唯一的基础，往往造成不良的后果。一小群满怀热情却缺少经验的年轻人聚拢起来，一时酒酣耳热便信誓旦旦，真以为彼此的友谊会地久天长，彼此把心底的隐秘吐露无遗，毫不设防。这种“互信”来得快走得快，而且常常被人利用。你只能相信那些经验比你丰富、友谊经过考验的真朋友，还有那些生活道路与你不同、不致成为你对手的朋友。

名言佳句英汉对照

Though men are all of one composition, the several ingredients are so differently proportioned, in each individual，that no two are exactly alike; and no one at all times like himself. The ablest man will sometimes do weak things; the proudest man, mean things; the honestest man, ill things; and the wickedest man, good ones.

尽管人的身体结构是一样的，但其中的各个组成部分在每个人的身体上具有很不同的比例，没有两个人是完全相同的，每个人在不同的时间也不是一成不变的。最能干的人有时很软弱；最自豪的人有时很卑劣；最诚实的人有时做坏事；而最狡诈的人有时也会做好事。

（二十一）岁末赠言

1749 年 12 月 26 日（旧辑），伦敦

我亲爱的孩子：新年有一种习俗——在祝贺的名义下大讲一些客气话与无害的诺言。人们相互表达平常少有的愿望，显示出平时少有的关心。你我之间不必如此，真诚是容不得虚情假意的。

我要真心实意地对你说：愿你活到值得活着的时候，不再延长！或者说，但愿你宁愿活到不再值得活下去的时候之前而不是之后。我对你的真切厚爱使我关心你的素养更甚于你的生命；这样的厚爱禁止我祝愿你的生命延长一天，如果这一天会给你带来罪恶与耻辱。我对最大的仇敌也无大的怨恨，这是我本性如此。你是我所有关怀中的主要关怀对象，是我所有希望中的唯一希望。现在我有理由相信，你会回报我的关怀，你会实现我的希望。这种情况下，愿你长寿，因为你一定会生活得快乐。自觉性的美德，是所有快乐的唯一坚实基础。财富、权力、地位，或其他一般人认为是构成幸福基础的字眼，从来不会使良心折磨减轻下来，使犯罪的悔恨得以医治。

想到你会有一个远大的前程，给了我最大的快乐。你在你现在的年纪所见、所读、所学的东西已超过大多数二十二三岁的年轻人。你的未来是光辉的，这将使你获得地位、财富与名声，这是由你所受的教育决定的。你所欠缺的，只有两种东西，无需你用符咒召唤，只消加以注意便可获得，这就是：流利的口才与潇洒的风度，也就是说，语言优雅，举止优雅。我确实相信，你有良好的道德本性，也有了丰富的知识，但是必须有流利的口才与文雅的教养，才能使你臻善臻美。一个人如果生来没有诗人的天才，不可能成为诗人，至多成为一个蹩脚的诗人。但是，每一个人，只要会说话，只要他愿向最优秀的作家与演说家学习，就会讲得很恰当、很流利。那些讲话不流利的人，我劝他们干脆闭口不讲，保持沉默还更让人舒服些。至于文雅的教养，只要保持同上流社会人士密切来往，就会自然而然地在无意识中学到他们的气派、谈吐与特色。很可能，你这一年来已在几个首都见到不少优秀的团体，比你一生中任何一年见到的都多。因此，我相信，你一定能够学到不少东西。我相信你会成功，当你回到英国来，我将为见到一位全欧洲最有教养的青年而喜之不尽。

我能想象得出，你收到此信，读到有关口才与素养的段落时，你会说，或至少会想：怎么他在这两个问题上说个没完没了了！该说的不都说完了吗？为什么要翻来覆去地讲？如果你正是这么想或这么说的，那么，前提必然是你尚未充分了解这两种修养的无限重要性。如果情况相反，你已明白这两方面的修养的用处与重要性，并决心去获得，那么，我的反复劝诫毫无必要，就算是白说好了。

我感到非常满意，你在罗马走在一条大路上，朝向回应我所有的期待。我确信，只要你抓紧利用你的时间，一定可以成功。上午你应勤奋地聆听哈特先生的讲授；中午时间可以出去观光；晚上同人们交谈。我希望，你在身体与心理方面，都不属于那种懒惰、迟钝的禀性。罗马不像英国和巴黎那样追求时尚，几乎半天时间都被吃喝侵吞掉了。所以，你在罗马有足够的时间安排好一切。如果有偶然事件，不得不用两三个小时来做某件该做之事，那么只好借用你的睡眠时间了。每天睡眠六个小时至多七个小时，对你和其他任何人来说都够了，再多睡，人就会变懒，会更多打瞌睡，二者都将使人变蠢，有害身心健康。如果，碰得不巧，你有事情或娱乐，直到夜里四五点钟，我建议你，次日仍在习惯起床的时间起来，如此方可不致耽误上午的功课，而欠下的睡眠可促使你次日晚上提早上床。这是针对你们这样的青年人的十分明智的建议，我可以告诉你，我一生中最爱好娱乐的时期就是这样做的。我常常清早六点上床、八点起床，这样我就比同伴们找回了一些丧失掉了的时间；而缺少睡眠又促使我次日（至迟第三天）早早上床，睡上美美的一觉。我就是靠这样的办法赚来许多学习时间。从二十岁到四十岁，如果不是同伴们还在酣睡时我就起床的话，就没有多少时间读书了。明白了时间的宝贵，就必须抓住它、抓紧它，充分利用每一分钟。今日事今日毕，绝不能拖到明天。这正是著名的德维持阁下的规则，他严格执行这一规则，找到了时间，不仅使他能为共和国尽心服务，而且能在晚上参加集会、参加晚宴，如此从容，似乎他白天什么事情也没有做，什么问题也没有想。

名言佳句英汉对照

May you live as long as you are fit to live, but no longer! Or may you rather die before you cease to be fit to live, than after.

愿你活到值得活着的时候，不再延长！或者说，但愿你宁愿活到不再值得活下去的时候之前而不是之后。

第四部分
1750 年

A man who does not solidly establish, and really deserve, a character of truth, probity, good manners, and good morals, at his first setting out in the world, may impose, and shine like a meteor for a very short time, but will very soon vanish, and be extinguished with contempt.

一个人如果没有扎扎实实地培养出名副其实的诚信、笃实、谦和与高尚的道德品质，在他初次涉世的时候，也许会引人注目，并且在一个很短的时期内就像一颗流星那样发出光亮，但很快消失，终因受人轻视而尽失光芒。

（一）永葆道德高洁的初心

1750年1月8日（旧辑），伦敦

这封信仅限于谈谈严格保持这两方面的常态用处与必要性。

你的道德人格不仅要纯洁，而且要像凯撒的妻子那样无可怀疑。道德人格稍有玷污，便是致命的伤害。如果你被人怀疑不公正、居心叵测、背信弃义、说谎，等等，你所有的才华与知识便得不到认可，你也不会再收获友谊与尊敬。在世风不正的情况下，有时一些极坏的人反倒身居高位，不过，那就像罪犯被上枷示众，受到公众嘲笑。他们的为人、他们的罪行，由于更加显而易见，因此更加臭名远扬，更令人憎恶，更受抨击，更受辱骂。炫耀道德的伪善，是不可取的。我建议你在各种场合下，都以朋友的态度、以商量的口气，与人交往，千万不要自视清高。

前面提到过的恶行之一，一些受过良好教育的人有时也把它当作是机敏、自卫的技巧，我所说的正是说谎。出于审慎，常有隐藏真相的必要，从而无意间诱导人们去说谎。这是无能的表现，是精神卑劣的借口。培根勋爵十分公正地把作伪（simulation）与掩饰（dissimulation）加以区别，认为比起前者，后者尚情有可原。但他还指出，恶劣的政客是二者兼而有之。一个有头脑、有才华的人既不需要掩饰更不能够作伪。

有些人沉溺于某种说谎，认为那是无辜的。从某种意义来说，确实如此，但最终受害的还是自己。这类谎言的根源乃是虚荣。他们在讲到某些奇异风光时，会凭空编造一些根本不存在的事物，有些事物的确存在但并非他们亲眼目睹。他们总把自己说成是传说中的英雄。事实上，他们只能受到嘲笑与轻视。

道德的纯正，同斯多葛主义与禁欲主义有极大的区别。我向你建议的是保持道德纯正而不是禁欲。在你这样的年纪，我更盼望你成为加图而不是克劳提乌斯。须知，一个事业有成的人，也应当是个会享乐的人。你应享受你的青春，结交优秀青年。一个人的性格应当开朗、纯洁，并永远保持下去。

（二）要学会约束自己

1750年2月5日（旧辑），伦敦

我亲爱的朋友：

很少人在使用财富上懂得省俭，而在利用时间方面懂得省俭的人则更是少之又少。二者当中，其实后者更加重要。我极其盼望你在这两方面都能节省，你如今应该严肃地考虑这两个问题了。年轻人一般都会认为人们有的是时间，自己想怎么利用就怎么利用，正如巨大的财富总会诱导人穷奢极欲，到了酿成致命错误之时，已后悔莫及。曾在威廉国王、安妮女王、乔治一世三个朝代担任财务大臣的朗兹先生有一句口头禅："照管好一个便士，所有的英镑就会照管好它们自己。"他不仅把它当做座右铭，而且确确实实地身体力行，他的两个孙子此时正享用着他们的祖父遗留下来的大量财富。

这条座右铭同样适用于节省时间。我衷心希望你照管好每一分钟、每一刻钟，一般人认为这么短的时间不值得重视，其实一年累积起来，实在是个大数目。例如，有个约会定在十二点钟，你可以在十一点钟出门，先去两三个朋友家串个门，如果他们不在家，你与其独自一人去附近咖啡店打发时间，还不如回家去抓紧时间写一封信或读读书。这样，就把时间节省下来了，没有浪费。许多人把大量时间花在读书上，但他们读书的内容琐碎无聊，例如近两百年内出版的荒谬的浪漫故事、《天方夜谭》里的东方劫掠、挥霍的故事和莫卧尔的故事；或法国新出版的多如牛毛的浅薄的神话故事，如此等等，这些无聊的东西塞满脑子就像暴食奶油，对身体毫无益处。要紧紧抓住著名诗人、历史学家、演说家与哲学家的优秀著作来仔细研读。

许多人因懒散失去大量时光。这些人懒洋洋地坐在椅子里打瞌睡、打哈欠。这是一种最不幸的癖性，对求知与谋事都是最大的障碍。你没有权利偷懒。你必须积极、勤奋、不屈不挠。今日可成之事，绝不拖延至明天。

迅速是事业的灵魂，而为求迅速应当要有好的方法。做每件事情都要制订一个好方法，并坚持下去，永不违反，除非有意外事件发生。每个星期固定某一天用一个小时来整理账目，这样，花不了多少时间，你就可以避免受人欺骗。保存的信件与报纸，都要捆扎起来，分门别类，便于随时检索。读书也要制订一个好方法，应当有连贯性、完整性，不能杂乱无章、条理不清。随身携带一本札记簿，把有用的东西简要记下来，以帮助记忆，当然不是为了熟记迂腐的语录。读历史书籍时，千万别忘了摊开地图，并准备一份纪年表，不断对照；没有地图，没有纪年表，历史只能是一堆混乱的事件。我还要向你推荐一种方法，我发现十分有益，那就是：每天清晨在固定时间早早起床，不管头天晚上多晚才睡。这可以使你每天上午受到干扰之前至少有一两个小时的读书时间；这样也可以促使你至少三天内有一天早早上床。很可能同许多年轻人一样，你会说：坚持这些做法太麻烦了，只适用于老年人，对有高贵精神与火样热情的年轻人则限制过严。我不认为如此，相反，我仍坚持这样做对你节省时间、享受乐趣都有好处，在你实行一个月后也一定不再觉得麻烦了。

娱乐活动中也须保持一定的尊严。热恋可能使人失去尊严；做事业失去尊严可能让人被牵着鼻子走。宴席上食用自己偏爱的菜肴也应保持尊严，否则，狼吞虎咽只能让人把你看成是老饕。玩牌是有尊严的，但赌博就有损名誉了。生气勃勃、谈笑风生，在团体中会赢得光彩，但是老掉牙的笑话或高声大笑都会让人把你当作一个小丑。人们说，每一种美德都有它同源的恶行；我确信，每一种享乐也有它邻近的耻辱。因此，必须小心注意二者之间的界线，宁可保留一码的距离，也不可超越一寸。

名言佳句英汉对照

Take care of the Pence, and the Pounds will take care of themselves.

照管好一个便士，所有的英镑就会照管好它们自己。

Every virtue, they say, has its kindred vice; every pleasure, I am sure, has its neighboring disgrace. Mark careful, therefore, the line that separates them, and rather step a yard short, than step an inch beyond it.

人们说，每一种美德都有它同源的恶行；我确信，每一种享乐也有它邻近的耻辱。因此，必须小心注意二者之间的界限，宁可保留一码的距离，也不可超越一寸。

（三）入乡随俗学好当地语言

1750年3月8日（旧辑），伦敦

如果你用意大利文给你母亲写的信完全是你自己写的，我十分高兴你在这么短的时间内有这样的进步。照这样下去，用不了很长时间，你就能掌握意大利文。我相信，除了法国大使，你只能听意大利人说意大利语。意大利人很少说法语，即使说了，也说得很蹩脚。法国人也一样，很少说意大利语，并且说得不好。

我感到遗憾，罗马没有优秀的舞蹈教师，以便改进你的气派与风度，我怀疑你在这方面现在还达不到最好的程度。我希望你能注意观察别人身上表现出来的优雅风度，以形成你自己轻松、优雅、高贵的气派与上流社会的谈吐。我非常满意哈特先生反映你在罗马充分利用了时间。上午五个小时听哈特先生讲授、指点，对你十分有益，但不知今后是否能够坚持下去。我并不是说照这样做下去一成不变，只是说在所占时间的比例上要掌握好。不同年龄、不同环境，也应有不同的安排。我并不希望你此后一生中每天都用五个小时来学习。问题是，你会不会把本该用来学习的时间花到娱乐上去了；会不会明明有一个小时的空闲就让它白白地浪费，什么事都不做？目前有哈特先生在，我估计你不会这么做；但请你向我讲实话，如果哈特先生离开你六七个月，你一人独处时，情况又会怎样？再者，我能否相信，你的娱乐活动都是在同上流社会的人士共享？我已对你讲过，只要你进行高尚的娱乐活动，所有费用都可找我报销，但我决不会为你不高尚的娱乐付账。我不是斯多葛派，我今年已五十五岁了，仍感到有娱乐活动的需要，你只有十八岁，更谈不上斯多葛主义了。我承认，上流人士宴会，有时也会缺乏节制，但他们不会滥吃滥喝、酗酒无度。玩牌只是游戏，不会变成赌博，因此，没有危险，也不会有损名誉。

这些，不是老人教育孩子，是一个老朋友对你的劝说，我想不致使你感到为难。我想你会认识清楚我为什么要这么做，对你自己有多么重要。但是，你有无决心坚持下去？能否经得住别人的诱惑？我认识不少年轻人受到“不能丢脸”的引诱而不好意思拒绝，这实在是害了自己。

看来你喜欢罗马，生活过得怎样？你去过梵蒂冈教廷吗？你同耶稣会的成员有无交往？最好每天邀一两位这类人士到你家中吃饭——小小的便餐，可以谈上三四个小时，获得成百上千有用的消息，而在其他场合就很难获得。无论何时遇上一位有名气的人物，都喂饱他，与此同时也就让他“喂饱”你自己，这不但使你受益，而且也在其他人中间传开了你的饱学形象与求知精神。

我不认为现任的教皇是那种不惜牺牲建造古代大剧场的代价来建七所现代小教堂的人。不管怎样，即使这位“圣人”在美德方面的品味不高，你也应在离开罗马之前请人把你带进教廷去谒见他。我希望你知道所有这些礼仪，我估计你已会用意大利语说“我的圣父”了吧？

你读过哪些意大利书籍？正在读哪些？希望阿里奥斯托的著作也在其内。务请勤学意大利文，意大利文是很容易学的，应常说、常读，用六个月的时间去掌握它，这样就不会忘记了。

不过，在所有事情之上，所有你学习、你讲说、你所做的事情之上，千万记住要学会各种优雅的风度。没有各种优雅的风度，你注定是不完美的，有了这些，至少可以勉强及格。没有什么比你不注意这些更使我伤心的了。

（四）那不勒斯二三事

1750年3月29日（旧辑），伦敦

我估计你现已到了那不勒斯，可以见到许多名胜古迹，可以见到维苏威火山的喷发，参观许多宏伟的教堂与大型公共建筑，那不勒斯在这方面是很出名的。

此外，还有一个宫廷，我希望你能常去走走。礼貌周全的风度，心智的机灵活跃，甚至对敌人也恭维几句……这些只能在宫廷内才能学到。尽管这些不能改变人类的本性，但确实可以抚平与软化人的本性。警惕、机敏与变通，提供了周旋余地，这是能干的表现。我确信，福利亚尼先生与夫人会为你指点所有的宫廷礼节，没有人比他们夫妇更有教养了。你在那不勒斯逗留期间，要入乡随俗，像在自己家里那样，把自己的冷漠与刻板搁到一边。

你在那不勒斯期间，可以读到一些有关这个王国的历史。王国换过许多主人，常常发生战争。你还应去了解当今政府的组织形式。那不勒斯王国没有宪法，是君主专制。法国的国王，是专制君王，而事实上，他们的统治是相当温和的。我还不能把瑞典与波兰认作是君主国，这两位国王同威尼斯总督差不多。

你给我写信时——顺便说说，你很少写信——最好多说说你见到了哪些人，少谈风物景色。告诉我，你晚上做何消遣，同哪些朋友在一起？你同哪些有学问的人交了朋友？如果你信任我的话，还可讲讲有没有漂亮的女人引起你心动？我对你十分关心，未来的一年对你至关重要。以一名古董收藏家来说吧，我认为，你已有了一张好画布，拉斐尔已经为你勾画好了轮廓，只需要等提香来上颜色了，不过，那是个大工程，还需要很大努力。

（五）年轻人要自己拿定主意

1750 年 4 月 26 日（旧辑），伦敦

你去巴黎的旅程临近，那将是一段十分重要的时期，对你会有重大影响，为此，此后的信件将主要关于那个时期。在巴黎你只能靠自己谨慎行事，那时哈特先生不在你身边了。我确信，十八岁的你不会令我怀疑你的谨慎。你会发现大学里不少年轻人不如你谨慎。这些人会成为你的朋友。因此，在你同他们交往前应首先弄清他们是怎样的人物。对他们显示出特别的关注，从而进入他们的宅邸，同他们保持亲密关系。那类法国青年特别喜欢吵吵嚷嚷，要注意避免同他们争吵、摩擦。不要同他们发生肉体上的关系，不要“jeux de mains”（法文：弄假成真），那样常常会引起纠纷。如果你愿意，可以同他们一样活跃，但同时应比他们更聪明。至于文化修养，你会发现他们大多数人是很欠缺的，不要为此责怪他们，也不要在他们面前显出你的优越。这不是他们自己的过失，因为他们的家庭是要把他们培养成军人的。不过，另一方面，不要让他们的无聊活动或懒散行为干扰你每天上午的学习。不要同他们共进早餐，因为那将使你浪费许多时间，可以告诉他们，你每天上午要读书两三个小时，下午可以陪陪他们。但我希望你在晚上要同规矩的朋友共度时光。

我要着重向你指出，千万不要去巴黎的英国咖啡馆，在那里聚集的都是些社会地位低微的英国人，还有一些逃亡分子、苏格兰与爱尔兰的犯罪分子。在那种地方，经常有人酗酒斗殴，在全巴黎都臭名远扬。巴黎的咖啡馆、小饭馆是不值一顾的。要警惕那些衣着华丽、语言漂亮的“chevaliers d’industrie”（法文：骗子），这些人在巴黎到处都是；在未弄清他们真正的身份与地位以前，必须同他们客客气气地保持一定距离。不要随随便便地应邀参加一些冒牌贵族的聚会。如果你在牌局上耽搁时间较长，他们就会端上丰盛的晚餐，因为他们知道你有能力付钱。晚餐后，他们就会谈起：埃及的法老，兰斯克内特牌戏、十五点，等等，有人会假装反对谈论这些，最终大家同意玩牌。盼望的时刻来到，针对你的骗局开场，最乐观的结局是掏空你兜里所有的钱；如果你还迟迟不起身，那么，很可能把你的怀表、鼻烟壶等物洗劫一空，甚至谋害你的性命。我实实在在地告诉你，这绝不是夸张，只不过是把某些无经验的陌生人在巴黎每天遇到的事件作了点文字上的描述。遇到一些文质彬彬的绅士第一次见到你就喜欢你时，要记住应表现出冷淡，不要轻易应邀去参加他们的聚会。有时，你出席一个隆重的聚会，遇到些十分机敏的绅士，他们也许显出很有诚意，但同样真实的是，他们也有诚意把你的钱赢走。在拒绝玩牌时，也不要讲得很严肃，以免显得你害怕输钱。一个年轻人如果没有自己的主意，无论别人要求什么事情都答应，可以认为他是好脾气，但同时也会被看作十分愚蠢。根据坚定的原则，出自真实的动机，明智地行事，但不要说教式地回绝。

务必怀着极大敬意去拜访德·拉·格里内尔先生，他同查理王子与其他巴黎一流人物很熟，有他们介绍，将提升你的声名，更不必说他的名望对你读大学很有好处。我希望你在大学读六个月，上封信里我已解释过理由。然后，我答应你，可在外面租房住。我会写信给一些朋友，介绍你加入到一些不仅外表高尚而且精神高尚的团体中去。

名言佳句英汉对照

A young fellow who seems to have no will of his own, and who does everything that is asked of him, is called a very good-natured, but at the same time, is thought a very silly young fellow.

一个年轻人如果没有自己的主意，无论别人要求什么事情都答应，可以认为他是好脾气，但同时也会被看作十分愚蠢。

（六）为人谨慎的名声比才华更重要

1750年4月30日（旧辑），伦敦

你在法国应多同法国人来往，多向岁数较大的人请教；应自觉愉快地认同他们的风俗习惯，但不要效仿他们的恶行。无论怎样，切勿劝诫或贬损他们，因为劝诫同你的年纪不相符。为此要小心不在他们面前炫耀你自己。人们不喜欢小看自己的人。小心翼翼地把你的学问隐藏起来，除非碰到“Les Gens d’ Eglise”（法文：僧侣、教会人士）或“Les Gens de Robe”（法文：法官、

律师）才可以谈谈学问，但此时也要让他们觉得你是不得已才谈的，并非你自己有意卖弄。那样，人们从你不大情愿的姿态可以想到你还有不少学问（实际上你有这么多），因此，在同你打交道时更添了几分尊敬。一个人讲到或暗示他很有钱，切不可信，如果你信了他，只能咎由自取。一个人小心翼翼地不露富，人家以为他还有很大财富（比他实有的还多），这种谨慎态度将给他带来更多的敬意。这正是有学问的人应有的态度。如果他喜欢显摆，人家对他会有怀疑，认为他只有些表面学问；如果后来发现他真有学问，又会把他看成一个书呆子。任何真正的价值都是被人发现的，而不是靠自我炫耀。你在巴黎会发现上流社会的妇女比男人接受的教育更多，因为男人一般在十二三岁的年纪就被送进军队，书读得少，但阅历世事较多，风度、谈吐都相当不错。巴黎比世界上其他任何大都市都更看重时髦。法国国王是相当专制的，而时尚的绝对专制威力更甚于国王。对时尚略有反抗，便将遭受排斥的惩罚。你要想进入上流社会，就必须在最细小处都符合时尚，如果你不能进入上流社会，就只能成为无名小卒。因此，要利用各种机会多同上流社会人士来往，模仿他们的时尚。要十分小心不要在这一群体中讲你在另一群体中的所见所闻。为人谨慎的名声比你出众的才能更有利于保险地把你带到更远的地方。千万警惕不要在巴黎与人争吵，那里特别看重名誉。如果你同一些有地位的人在一道，即使是娱乐活动也会使你受益。

名言佳句英汉对照

Let discretion and secrecy be known parts of your character. They will carry you much further, and much safer than more shining talents.

为人谨慎的名声比你出众的才能更有利于保险地把你带到更远的地方。

（七）虚荣心是年轻人的大敌

1750年5月17日（旧辑），伦敦

你的学徒期限接近结束，不久就将进入社会，即将到来的这一时刻对你至关重要，也引起了我的焦急不安。一个商人如想事业成功，必须从养成诚实、和气的性格开始；缺乏诚实，没有人会进他的店门；缺乏和气，没有人会第二次踏进他的店门。这一规则并不包括所有的商业艺术。商人可用他的幽默、雄辩的口才与宣传的本领来征服顾客；但是，他所保证的东西必须真的是那样，他言之凿凿的介绍必须是真实的；否则，他就会因第一次欺骗而很快破产。在较高层次的生活中也一样，即使是世上最伟大的事业也同样如此。一个人如果没有扎扎实实地培养出名副其实的诚信、笃实、谦和与高尚的品质，在他初次涉世的时候，也许会引人注目，在一个很短的时期内就像一颗流星那样发出光亮，但会很快消失，终因受人轻视而尽失光芒。人们会轻易宽恕年轻人有时办事无章法或不合常规，但人们从不原谅年轻人罪恶的念头。思想是不会随着年龄的增长而进步的，我看常常正相反，年龄越大，心肠越硬。一个年轻的说谎家到老也仍是个说谎家，但一位年轻的骑士随着年龄的增长只会变得更加可敬。一个心肠恶劣但头脑聪明的年轻人（这种情况很少有），会不会随着年龄增长，意识到自己的愚蠢与过失，从而改恶从善呢？这种例子往往会被看作是精明、投机，不会被认为是诚心诚意的转变。我祈求上帝，我深信，你不缺高尚的品质，但只拥有美德是不够的，你还须把美德化为实际行动，不，那还不够，还须使人们了解、敬重你的美德。你要想成为一个名流，必须有一个坚实的基础，否则很容易垮台。尽管你还年轻，你也应当严格要求自己，只有在年轻的时候才能培养成严谨与严肃的性格。要远离说谎、欺骗、妒忌、恶意、诋毁等等不道德的思想与行为。

在你即将涉世的时候，还应与你谈谈另一个看起来无关紧要却是意义十分深远的话题：你必须十分注意抵制虚荣心。虚荣心是无经验的年轻人的通病。尤其要抵制那种使年轻人堕落为花花公子的虚荣心。一旦产生虚荣心，就难以消除，比一旦做了牧师再要还俗更难。在许多情况下，虚荣心会坏了一个人的大事。例如有个人尽管他对许多事情全然无知，由于有虚荣心，便在许多事情上任意武断，刚愎自用。另一个人想在女人面前炫耀自己的成功，便暗示有地位很高的人或更加出众的美人给过他不少鼓励，还同某些人有极亲密的关系，如果这些是真的，那也是不足为外人道的；如果是假的，他就彻底毁了自己的名声。有些人用一些同他们本人无关的事情来装点自己，譬如，说他是某些大人物的后裔、亲戚或亲密朋友。他们没完没了地谈他们的祖父是谁，他们的伯父是谁，他们的亲密朋友是谁，也许，他根本不认识他们。难道有这种关系就会抬高他的身价？当然不会。相反，他们利用外在的东西装点自己，恰恰证明他们自己缺乏内在的价值，一个富人是不需要向人借钱的。要牢记这个道理，永不违反，只有谦虚才能受到称赞。一个本就勇敢的人，还要装出更大的勇气只能使他看起来像是个恶霸。一个本来有才华的人，如装出有更大智慧便会成为一个自吹自擂、华而不实的人。当然，我说的谦虚不是指胆小、拘谨。相反，内心要坚定，明白自己的价值，要有信心，但不要虚荣。不必让别人都了解你的真正价值。你有什么样的价值，别人总会发现的。

名言佳句英汉对照

A man who does not solidly establish, and really deserve, a character of truth, probity, good manners, and good morals, at his first setting out in the world, may impose, and shine like a meteor for a very short time, but will very soon vanish, and be extinguished with contempt.

一个人如果没有扎扎实实地培养出名副其实的诚信、笃实、谦和与高尚的品质，在他初次涉世的时候，也许会引人注目，在一个很短的时期内就像一颗流星那样发出光亮，但很快消失，终因受人轻视而尽失光芒。

Be extremely upon your guard against vanity, the common failing of inexperienced youth; but particularly against that kind of vanity that dubs a man a coxcomb; a character which, once acquired, is more indelible than that of the priesthood.

你必须十分注意抵制虚荣心。虚荣心是无经验的年轻人的通病。尤其要抵制那种使年轻人堕落为花花公子的虚荣心。一旦产生虚荣心，就难以消除，比一旦做了牧师再要还俗更难。

（八）孟德斯鸠论教育

1750 年 6 月 5 日（旧辑），伦敦

我耐心等待了许久终于收到了你的画像。如果画家把你的像画得如同他给哈特先生画的画像那么逼真，那么，我可以高兴地从你的画像得出结论：你在身心两方面都处于良好状态。你的块头比你离开我时结实了；如果说，身高不怎么成比例，那么，我想你会很快长上来的。肯定的是，在巴黎多做体育锻炼将使你蹿高起来，从你的长腿来看，准会如此。除了舞蹈，学校里的体育活动也是很有益的。

我已为你寄宿到德·拉·格里内尔先生家中做好准备，等你入住。我确信你会意识到，你在学院读书的六七个月期间在校住宿比住公寓方便得多，可以不管天气如何，又可避免损失时间。此外，食宿都在校内，便于你结识同学中许多上流社会的子弟，用不了多久，你也会被看作是地道的法国人，我从未见到其他英国人认识到其中的好处而愿利用这种机会的。我确信，你不致认为是因为费用的差距使我这么安排，费用是件小事。你能在短短的时间内把法语学好，把法国人的“tournure”（法文：姿态）学到手，那是其他人做不到的。我们的英国同胞会说法语的人太少，也不注意谈吐的优雅。

你在巴黎将认识学院院长孟德斯鸠，在他写作的《论法的精神》中，指出有三种不同形式的政府，那就是：民主政体、君主政体、专制政体。三种政体各有不同的教育重点。他在书中所写的君主政体下的教育的有关章节我觉得值得为你翻译介绍。你可以从中看出他是如何看待法国的君主政体的：

“君主国家教育的主要部分不是在大学或学院中教授的。在某种程度上，开始于涉世之初。社会，才是我们应予尊重的学校，处处都有教师，来做我们的向导。”

“我们不断听说有三条规则或三句格言，那就是：我们的美德应当包括一定的高贵气质；我们的道德应当包括坦诚；我们的行为应当包括彬彬有礼。”

“我们受到的美德教育，与其归功于别人，不如说是归功于我们自己；美德既帮助我们融入社会，又使我们区别于一般市民。”

“判断人们的行为，不在是否道德高尚，而在是否出类拔萃；不在是否公正，而在是否伟大；不在是否合理，而在是否惊人。”

“凡被认为心灵伟大或事业重大，就允许狡诈与诡计，例如，在政治领域，由于有了优雅的装饰，便无须受到责难。只要事关大笔财富，并同卑鄙的意识相联系，阿谀奉承便不受禁止。”

“我已说过，在道德方面，君主国家的教育应当允许包括直率坦诚与心胸开阔。与人交谈，真实是最重要的。是不是为了真实而真实？绝对不是。真实之所以必要，因为一个习惯于机灵善变的人往往具有一种无所畏惧与不拘小节的气质。的确，这种人通常只看重自己的事情而不顾别人对他们的看法如何。”

“普通民众的坦诚同受骗成比例，因为他们除了真诚与坦率，别无其他目的。”

“君主国家的教育应包括礼貌待人。人是社会性的动物，应当在社会中活得愉快；一个人如果违反了庄严的要求，必使交谈者震惊，从而失去公众的尊重，无法再做好事。”

“一般来讲，礼貌的源泉并不都是那样的纯洁。有的是出于彰显自己的目的；有的是出于自豪。”

“荣誉渗透到所有的事情，同人们的思想紧密相连，并主导人们的行动准则。”

“君主国家通过法律，再强烈不过地向人们反复灌输要具有服从君主意志的荣誉感；但是，这种荣誉感也告诉我们，君主绝不应该有任何无耻的行动，否则，就无法让民众为他服务。”

尽管我们的政府与法国政府全然不同，然而，院长的观点也完全适用于英国。尽管各种君主政体有很大区别，但国王与国王并无多大区别。那些专制的国王想继续专制下去，还不是专制的国王想成为专制，因此，各国宫廷几乎都保持了同样的行为准则与同样的态势：骄奢淫逸、任意挥霍受到鼓励；这个国家使人民沉溺于好逸恶劳，那个国家使人民陷于贫困。在所有的宫廷中，你所能见到的是：有来往而无友谊，有不和而无仇恨，有荣誉而无美德，看起来是得救而实际上是牺牲，风度翩翩而道德败坏，甚至连善行还是恶行都无法分清。因此，当你进入一个国家、一个宫廷必须事先了解情况，以求更为安全。

（九）有重点地研读法国历史

1750年11月1日（旧辑），伦敦

但愿你在法国把观光历史古迹的时间用来研究法国的历史。到相关国家去研究它的历史，条件最有利。不仅书多，而且可以就近向人请教以答疑解惑。我绝不是让你把时间都花在稽古钩沉，像一个呆头呆脑的古文物收藏家，连古老时代的细小东西都不放过。让傻瓜去读傻瓜写的书好了。对法国历史有个概括的了解，应从法兰克人的占领开始，到路易十一世统治时期，了解这段历史就足够用了。有些著名的年代，特别值得注意，我指的是几次政权的更迭。例如，克洛维在高卢开拓殖民地，以及当时设立的政权形式。这个政权形式与其他中世纪的政权不同，民众（无论是集体也好，推选代表也好）都是无权参与的。它是一种君主制与贵族制的混合物，而所谓“法国议会”只包括贵族与僧侣，直到十四世纪初“美男子”腓力上台才首次让民众参加议会，其目的并不是为了人民的利益，而是为了“施恩”使自己开心，其实也为了抑制贵族与僧侣，迫使贵族与僧侣拿出钱来供他挥霍。这是他的一位大臣“操纵者”马里尼出的主意，这位大臣实际上控制了国王与国家，因此，被称为王国的“助手”“主管”。在此之前，还有一段插话。即：公元七世纪、八世纪，查理·马特把议会撂在一边，用赤裸裸的武力统治国家。丕平重新恢复议会，使议会与国家为他所用，靠了这种手段，他废了恰尔德里克三世，自己登上了王位，这是值得你注意的第二个时期。第三轮国王，从卡佩王朝开始，是第三个时期。一个明智的读者研读历史，会节省时间与精力，去重点研究发生重大事件的有趣的时期，而把平平常常的时代一扫而过。有些人读历史就像读《天路历程》，逐段逐章地读，把每一章节都牢牢记下来。我建议你采取另一种方法，去读最精练的各个国家的简史，把最重要的阶段找出来，如：征服领土，国王更替，政府形式的改变；抓住这些重点再去研读有关较详细的历史著作。对重大历史事件要寻根追源，并了解其后果。例如，法国有一本虽然简短却写得很精彩的历史书，作者是让德雷。用心读这本书，你对法国历史就会有一个大概的了解，但遇到上述所说的重大事件，就应去读马扎雷的著作，及其他最优秀最详尽的历史著作，包括有关的条约。较近时期的历史，可读一些传记，从科明尼斯写的那些著作，直到十四世纪路易王朝许多史料，都是很有用的，必须给以特别关注。

（十）浪荡公子下场凄凉

1750 年 11 月 8 日（旧辑），伦敦

你到巴黎以后，就要靠自己谨慎从事了。在此以前，我们有必要深度沟通，这是避免争执的最好办法。钱，是这个世上造成许多不幸的原因，也正是父子间发生争吵的重要原因。做父亲的一般认为他们给的钱不能太少；做儿子的一般都认为钱不够花。其实，二者同样错误。你该公正地认识到，我从不吝惜给你真正能享受乐趣的钱，顺便也可以说说，实际上，你出国旅行的费用已超过我自己出国旅行所花的费用，但是，在有哈特先生给你把关的时候，我从不考虑这方面的问题。不过，现在情况已有不同。今后要由你自己取汇票，自己当会计了。不管怎样，我许诺，我们不会单纯因费用大小而争吵，主要的问题是钱花得是否得当。如果花钱的渠道是适当的，财源就不会枯竭；但是，如果花钱的渠道是肮脏、泥泞、模糊的（不出一个星期，我就会知道的），要请你及时注意：那个财源会立刻枯竭。你的衣着向一般的上流社会人士看齐就可以了，不必讲究。观光与娱乐的费用我都可以付。但我决不会付钱为你偿还赌债。

现在要说说另一个实质性的话题：女人。我不想从道德、从父母对子女教训的角度来谈。把我们的年龄差搁到一边，只是朋友对朋友那样地交换意见。我决不会给钱让你去嫖娼以及支付随之而来的外科手术费；也不会给钱让你去包歌星、舞蹈演员、女演员。另一类费用也是不允许的：买玩物。有一个漂亮的鼻烟盒（如果你吸鼻烟的话）和一根漂亮的手杖就够了，不是再买其他华而不实的东西。

既然已经说到这些，我还想说说——浪荡子这个话题。这个话题因为年轻人常常错把浪荡子混同于一个喜欢寻开心的人，而这二者是截然不同的。浪荡子是下流、无知、卑鄙、寡廉鲜耻与种种恶习的综合品。浪荡子的结局是：名誉扫地、倾家荡产、糟蹋身体。我可以告诉你，在我年轻最狂放的时期，也绝不是个浪荡子，恰恰相反，我对这种人物最厌恶、最蔑视。

要记住，你在巴黎的一举一动我都会了如指掌，就像有魔力，有隐身的小妖精在追踪。塞涅卡说得非常好："求上帝不求别的，但求他所愿做的正是人们应该知道的；求别人不求别的，但求他所愿做的正是上帝应该知道的。"我建议，你在巴黎所说的与所做的，正是愿意让我知道的。我希望，我相信，事情必然如此。

名言佳句英汉对照

Seneca says, very prettily, that one should ask nothing of God, but what one should be willing that men should know; nor of men, but what one should be willing that God should know.

塞涅卡说得非常好："求上帝不求别的，但求他所愿做的正是人们应该知道的；求别人不求别的，但求他所愿做的正是上帝应该知道的。"

（十一）像绅士一样享受青春

（无日期）

从现在起，你比与你同年的任何年轻人更自由了。我必须公平地承认，你已比大多数同龄人做得更好。但是，此后，你身边没有监管人了，而此前你是有一位朋友的。在巴黎，不仅无人管束你，也无人帮助你，你只能凭自己的见识行事。我有很大的信心，相信你在巴黎会做得很好，一如我之所愿；因为我早告诉过你，你的一言一行，都会有人报告给我的。享受青春的快乐，你不会后悔，但须同一个有才华的男子的身份相适应。让享乐使人升华，而不是沉沦；让享乐使你变得更高尚，而不是受玷污。总之，要作为一位绅士去享乐，至少同和你相配的人做伴，最好同比你更优秀的人（主要应是法国人）做伴。对于学院中的同学，在同他们深交之前应了解他们的为人，要警惕那些向你献殷勤的人。

你在学院中不可能学得很多，应学习那些有用的学问，要非常充分地利用时间。每天仍须抽出时间学习希腊著作，我指的不是希腊诗歌，不是阿那克里翁的诗歌片段，不是忒奥克里托斯多愁善感的怨诗，也不是荷马笔下的英雄们像脚夫那样的语言，这些东西，那些对希腊学问很浅薄之人只知道一点点，却经常挂在嘴边，讲起来滔滔不绝。我所指的是柏拉图、亚里士多德、狄摩西尼、修昔底德，这些人只有内行才了解。只有熟悉希腊，才能使你学问出众，单单熟悉拉丁历史是不够的。当你研读历史书籍或其他消遣书时，应掌握相关的语言文字，从而不仅容易记住，而且能大大改善你的外语。我希望你同德国人、意大利人交谈时，都用德语与意大利语，这样，不仅会使他们很高兴，而且对你自己很有用。

我要为你推荐一些有代表性的戏剧作品，巴黎常有精彩演出。高乃依与拉辛的悲剧，莫里哀的喜剧，值得仔细欣赏，都是升华心灵的可贵教材。世界上没有哪个地方的剧院能比得上法国。即使你的意大利耳朵不适应法国歌剧，至少歌词是有意义、有诗意的，我认为我一生所听过的意大利歌剧是比不上法国的。

你在同法国人交往时，要小心谨慎，避免摩擦与争吵。这些事情极其损害一个人的名声，尤其在法国，一个人受到公开侮辱而不怨恨便被认为有损名誉，最终会因怨恨毁了友谊。法国的年轻人性急、轻浮、鲁莽、容易激动、极端的国家观念与“avantageux”（法文：贪便宜）。应约束自己，切勿以玩笑口吻谈论法国，那将是不适当、不公平的。北方寒冷的国家通常把法国看作是爱吹口哨、爱唱歌跳舞的轻佻国家，这种看法完全不符合事实，尽管有许多“Petits–maitres”（法文：花花公子、纨绔子弟、妖艳女郎）的行为也接近于此，不过，那些“ Petits–maitres”在逐渐成熟、阅历较深后，也常常能成为很能干的人。法国产生过不少伟大的将领、政治家以及卓越的作家，就是无可否认的明证了，它并不像北方国家带有偏见的看法那样，是一个轻佻的、没头脑的、缺乏力量的国家。如果能在最初一瞥就喜欢并赞赏所见所闻，那么，我敢保证，此后你也就会喜欢并赞赏许许多多所见所闻的事情。

名言佳句英汉对照

Enjoy the pleasures of youth, you cannot do better : but refine and dignify them like a man, of parts; let them raise, and not sink; let them adorn and not vilify your character; let them, in short, be the pleasures of a gentleman, and taken with your equals at least, but rather with your superiors, and those chiefly French.

享受青春的快乐，你不会后悔，但须同一个有才华的男子的身份相适应。

让享乐使人升华，而不是沉沦；让享乐使你变得更高尚，而不是受玷污。总之要作为一位绅士去享乐，至少同和你相配的人做伴，最好同比你更优秀的人（主要应是法国人）做伴。

（十二）日常生活小习惯也须注意

1750年11月25日（旧辑），伦敦

你也许会想，这封信转向一些琐碎的小事情上去了。如果就事论事，你这么想是对的。不过，你若从全盘来考虑，就会相信，一个人的外表，同他的才华一样，对于成为一位完美的上流社会人士，同样重要。这里，且不谈气派、风度、谈吐等问题，我要讲讲比这些更细小的事情，那就是你的衣着、整洁与个人卫生。

你到巴黎，必须十分注意衣着，并不要求讲究，但要有品位，要合身。让最好的法国裁缝为你制衣，无论什么衣服，都要合乎时尚、合乎你的身份；穿衣、系扣、解扣，都要同法国绅士一模一样。让你的仆从学会最佳的卷发发式，把你的头发卷好，这是整体形象的一个实质性的重要部分。注意袜子用吊袜带系起，鞋带扣好，没有比一双邋遢的腿给人更坏印象的了。你的身体必须十分整洁：牙齿、双手、指甲尤其重要。牙齿不清洁，必然会牙痛，会掉牙，对亲近的友人尤其不恭，因坏牙无可避免地会带来口臭。为此，我坚决要求你每天清晨做的第一件事便是刷牙，用一块柔软的海绵、一杯温水，刷牙四到五分钟，然后漱口五到六次。莫顿（你一到巴黎就去找他）将给你一种镇静剂和一种药水，有时你会用到。没有比一双肮脏的手、十个丑陋不整的指甲看起来更粗野、更不文明的了。我猜测你不至于有咬指甲那种吓人的、蠢笨的坏习惯吧；不过，这还不够，你必须使指甲保持平滑、干净，绝无泥垢。指甲尖应呈半圆形，剪得小心些，完全可以做到。每次擦手时，都应按摩指甲后面的皮肤，避免那个地方突出来，显得指甲变短了。身体其余部分的清洁将大大有助于你的健康，我不止一次地提到：远离妓院。我之所以提及上述各项，是因为你在还是个学童的时候，比你的同学都更邋遢。还有一件事情要提醒：无论什么原因，都不能当着别人的面用手指挖鼻孔、挖耳朵（许多人都有此类毛病）。这种坏习惯最使人震惊，使人感到厌恶，使人大倒胃口。对我来说，我情愿见到一个人把手指搁在臀部，也不愿见他把手指搁在鼻孔。每天早晨要擦洗耳朵；必要时用手帕擤鼻子里，顺便说说，事后，不要去瞧手帕上沾着什么。明智的头脑将教会你多观察一流人士的风度、发音、动作，在此基础上建立起你自己的仪容。同时，也去看看那些粗鄙之人，以便远离他们。这两种人所说所做的也许相同，但仪态、风度总是截然不同。

我所说的这些事情，绝非毫无意义。许多年轻人不注意这些方面，便显得愚蠢、无教养。他们的父母往往粗心大意，只让子女接受普通的教育，上中学，上大学，然后外出旅行；不去仔细检查子女各方面的修养。然后，他们心满意足地说，他们的儿子也会像别人的儿子一样，也确实这样，同别人的儿子一样地糟。他们不在子女的孩童时代就纠正不良的习惯，进了小学、中学也不纠正，进了大学依然如故。父母不给孩子讲这些事，还有谁来讲这些事？即使是最亲密的朋友，也不便说。我可以真诚地说，你有我这样一台诚恳的、友好的、眼尖的监视器，是你的大幸。什么事都躲不开我的视线，我会挖掘你的缺陷，以便纠正它们，正如我会搜寻你的优点，以便赞扬与奖励它们。

此刻我已收到哈特先生 11 月 1 日（新辑）写来的信，说他将在本月底前往巴黎，这使我十分高兴。看来他的腿疾已见大好。我希望你们结伴在巴黎生活得愉快。

（十三）研究军事与贸易

1750年11月19日（旧辑），伦敦

我很高兴从你12日（新辑）的信中获悉，你在土伦很好地了解了法国海军，在马赛了解了贸易，这两个题目都值得探寻，加以注意，这是每一个关心法国事务的人所必须研究的。法国如今明智地关心这二者，近三十年来，商贸有很大发展，大大挫败了英国在黎凡特地区的贸易；他们在东印度的贸易也大大影响了英国；在西印度群岛，他们制造出来的马提尼酒和糖，不但供应法国，而且供应大半个欧洲，而我们的一些岛屿如牙买加、巴巴多斯与背风群岛，除了同英国贸易外，再也没有其他的贸易对象了。新法国，或称加拿大，也使我们的皮毛贸易大大减少。确实如你所说，我们同法国之间缺少贸易支持的条约。在签订乌得勒支和约之后不久，英国同法国又签订了一个贸易条约，但此条约附有条件，须经议会同意。英国议会经过一场很著名的辩论，未予批准，因此条约失效。然而，条约中所规定的内容实际上成为了我们同法国在贸易活动中相互遵守的通则。其中包括：我们运往法国的货物，要由我们的货船运送；法国也多方模仿我们著名的“航海法”。此法案系于1652年通过，当时是克伦威尔主持的议会。法案禁止所有外国船只运送商品到英国来。这一法案特别受到荷兰抵制，因为当时荷兰的商船几乎在全欧洲通行无阻。该法案甚至还有一项条款，规定我们在美洲的殖民地所生产的农产品运到欧洲来也必须先“碰”到英国领土才能运往其他欧洲国家。后来，这一条款得到修改，包括某些容易变质的货物如大米等，允许从美洲殖民地直接运往其他国家。条款还规定，这些货船，必须有三分之二的船只属于英国。有一些专门叙述贸易问题的书籍，值得你一读。商业贸易是各国政治的重要方面，必须关心。

我的一位朋友瓜斯科神父等你一到达巴黎就会去看你，他在巴黎受到优秀团体的接纳，他将把你引荐加入这些团体。他极愿为你做任何事情。他为人主动、热情，可以在许多方面向你提供信息。

（十四）法国的人文艺术底蕴

1750 年 12 月 24 日，伦敦

你终于成为一个巴黎人了，为此你的举止、谈吐必须像法国人，必须用法语来回答我的问题，这样，我才能判断你掌握法语的优美、雅致方面达到何种程度，拼写是否正确。法语正在成为全欧洲的通用语言。我确信你已讲得很好，但是，语言会有变化，在外省被认为发音正确，到了巴黎也许就会被认为是古代高卢人在说话。在那个讲究美的国家，甚至语言也顺从时尚，几乎同服装那样经常变化。

你现在将时常“吃法国饭菜”了，但切勿让法国饭菜扰乱了你的口味。如果轮到你请客人吃饭时，务必按照路易十四统治时期的口味来待客。路易十四时代，有不少著名的“烹饪大师”如高乃依、布瓦洛、拉辛，以及拉封丹。他们所做的“菜肴”既简单、扎实，又有益健康。不要被那些不自然的、花里胡哨的装饰物所迷惑，同时，也不要嘲笑这种“烹饪”。只要你自己不受迷惑就可以了，当然，也不可去迷惑他人。近一个半世纪以来，法国的风格（同这个国家一样）经历了许多变化。在路易十三（实际上是红衣主教黎塞留）的统治时期，开始出现法国风格。路易十四（即使不是一个伟人，也是个伟大的国

王）时代真正的法国风格集大成者，是高乃依，他是法国戏剧的奠基人。

高乃依之前的时代，出现过一种巡游作家，被称为行吟诗人或传奇作家，这是一群莽汉，只能受到蠢人的崇敬。红衣主教黎塞留统治的末期，路易十四统治初期，在伦布莱旅店设立了一所“风格殿堂”（Temple of Taste），但风格并未得到明智地改善，“风格殿堂”的名称还不如改为“风趣实验室”来得更合适。在这种殿堂里，智慧受到折磨，为的是从中撷取奥妙的“精髓”。瓦图作了巨大努力，不懈地创造风趣。最后，布瓦洛与莫里哀才真正使法国的风格定型。

几乎在整个路易十四统治时期，法国风格保持着纯洁，直到一位很出色的天才韦特内勒先生出现，风格受到了某些无意的伤害。这位先生有着丰富的常识并且绝顶聪明，但太过于追求华丽，因为他是美惠三女神最宠爱的孩子与学生。别的作家也想模仿他，不幸的是，《田园牧歌》《圣贤的历史》《法国剧院》等作品的作者都不如舍瓦利耶·德·埃尔所作的仿制品成功。舍瓦利埃受到成百上千的作者的模仿，但据我所知，没有人得到真传。依我看来，目前，法国风格还没有很好地建立起来。虽然，法国风格确实存在过，但被派别纷争扯碎了。

你不必受到时尚的过分影响，也不要受你经常接触的人群的影响。但在人家找给你零钱的时候，要看清各种不同的硬币，用你自己的理智与价值观去分辨它们的价值。要永远记住：“只有真实，才是美丽。”否则无论多么华丽，都不是坚实的、正确的、思维的结果，而只是虚幻的火焰。

你应常去剧院观看高乃依、拉辛与莫里哀的戏剧，他们的作品都是自然的、真实的。不要忘记每周给我写一封信，用法文写。尽可能多同各国大使们接触，他们经常在不同的国家间往来。见到意大利人说意大利语，见到德国人说德语，这样，方能不忘掉这两种语言。

第五部分

1751 年

Books, it is true, point out the operations of the mind, the sentiments of the heart, the influence of the passions; and so far they are of previous use : but without subsequent practice, experience, and observation, they are as ineffectual, and would even lead you into as many errors in fact, as a map would do, if you were to take your notions of the towns and provinces from their delineations in it.

书本，自然能指导智力的开发，情操的熏陶与感情的培养；但是，没有随后的实践、经历与检验，书本知识是无用的，甚至会引导你误入歧途，就像单凭一张示意性地图不可能找到省份与城镇的准确位置。

（一）争取获得众人的好印象

1751年1月8日（旧辑），伦敦

从你11月5日的来信看，你在巴黎初次社交露面很成功。你进入了一个良好的群体，这一群体绝不会使你沉沦。你应经常前去拜访，大大方方，不要学那些人一出国就害羞，本来可以同外国人亲密交往却错失良机。无论何时接到晚餐邀请，必须抓住机会，愉快前往，并保持自尊。我确信，阿尔比马尔勋爵必将善待于你，但他的宅邸仅仅是一间餐室，据我所知，法国人并不同他密切交往。如果他雇用你在他属下工作（对此我大有疑问），你必须改进书法，否则，你的文稿将不受重视。你目前的书法颇成问题，既不像出自一位企业家，也不像出自一位绅士，而是像小学生做功课，但愿教师不去细看。德·蒙孔赛尔夫人对你的印象很好，德·马提翁侯爵与博卡热夫人也一样，他们都说你渴望让人喜爱，他们向我保证，你将得到大家的好评。他们的判断是正确的，因为任何渴望获得好印象并懂得如何去获得好印象（正如你现在所做）的人，必将获得好印象，而此点正是人生旅途中的一个关键，一切事情将因此而容易解决。无论你同德·蒙孔赛尔夫人与博卡热夫人还是和其他贵妇人相处，切不可疏忽懈怠，应当坦诚以告："我对世事所知甚少，纯属新手。尽管我期望让人喜爱，却苦于不得其法。务请夫人授我秘诀，使我能得到众人的欢心。我要成功，端赖于此，务必请您不吝赐教。"经你如此请求，她们必将为你指出各种小小的错误或举措失当之处，为此你必须不仅要认识到而且要表达你衷心的感激之情。尽管内心会有些痛苦，但你必须首先倾听意见，并对她们说，你将把最严厉的批评视为坚强友谊的明证。博卡热夫人特地要我告诉你："我会永远愉快地接待他并以此为荣。真的，在他这样的年纪，很难体会到交谈的乐趣，但我将努力使他相识一些年轻人。”

利用这一邀请，就像一个邻居那样，经常去她家串门。博卡热先生对我说，他非常乐意伴你去各种展览会，给你指点有关的知识。他的建议对你很有用，他有很高的鉴赏力。我还未听到赫维夫人对你有何评论，但正如你告诉我的，你已同她共进了一次晚餐，我认为你已被她接纳，事情无论大小都可向她请教，告诉她你所遇到的一切困难，向她询问，在此种或彼种情况下该如何行事，她会给你充分帮助。贝尔肯洛德夫人有一种“东方的优雅”，你引用的话对她很适合。我敢说，你愿去多少次就可以去多少次，我建议你每周去吃一次晚餐。

你告诉我哈特先生走后，你更需要有人指点。你永远不要指望我，你已从我这里得到许多指点，我只能重复我说过的话，没有更多要说的了。但是，环境需要时，我仍将对你提出建议。此刻，我只想提醒你两件大事，那就是：留意议会，留意外交事务。前者，你在国外只能仔细注意一下你的辞令的纯洁、准确与流畅，无论运用何种语言，都必须词义清楚，语调优美。关于议会方面的知识，等你回国后，我会给你指导。至于外交事务，你在国外做每一件事情都应该想到这个方面。你应主要阅读历史书籍。我不是指遥远的、黑暗时期的、朦胧不清的历史，也不是指那些化石、矿物、植物等自然历史，而是有用的、近三个半世纪以来的政治与宪法方面的欧洲历史。另一个研究外国的课题，其重要性不亚于研究古代与近代的历史，就是世界性的知识，包括：仪表、风度、口才与举止。为此，你目前必须注意广交良友。说来可笑，但我必须提醒你：寻找一位全欧洲最出色的舞蹈教师，对你至关重要，这是千真万确的。你必须舞姿优美，才能坐立优美，行走优美，这些是你想获取人们欢心所必需的。你要做各种锻炼，要读书，还要广交朋友，我承认你的日程是安排得满满的。但是，只要安排得好，时间是够用的。我相信你是不会虚掷光阴，无所事事的。在你这样的年纪，人们精力充沛，意志坚强，做任何事情都很机敏、快捷、轻松愉快、不折不挠。区别在于：一个有才华的年轻人，把他的美好年华用来追求恰当的目的，努力胜过众人，一展自己的才华；而一个愚蠢自负的青年，或一个迟钝的懒虫，则把他的全部精力用在无聊的琐事上，当他的目的在于享乐时，他是令人担心的，甚或有种种有损名誉的恶行发生。我确信，你绝不会走这条路，你有善良的意识，你有良好的行为准则，故而能确保一个美好的前程。在巴黎住下去吧，这个地方会使你如我一贯愿望的那样，尽我们的本质所允许的那样接近完美。

再见，我亲爱的。记住：每周来一封信，不仅仅是写给一位父亲，更是毫无保留地写给一位知心的朋友。

名言佳句英汉对照

At your age, people have strong and active spirits, alacrity and vivacity, as well as, indefatigable and quick in all they do. The difference is, that a young fellow of parts exerts all those happy dispositions in the pursuit of proper objects; endeavors to excel in the solid, and in the showish parts of life; whereas a silly puppy, or a dull rogue, throws away all his youth and spirit upon trifles, where he is serious or upon disgraceful vices, while he aims at pleasures.

在你这样的年纪，人们精力充沛，意志坚强，做任何事情都很机敏、快捷、轻松愉快、不折不挠。区别在于：一个有才华的年轻人，把他的美好年华用来追求恰当的目的，努力胜过众人，一展自己的才华；而一个愚蠢自负的青年，或一个迟钝的懒虫，则把他的全部精力用在无聊的琐事上，当他的目的在于享乐时，他是令人担心的，甚或有种种有损名誉的恶行发生。

（二）世界是一部巨著

1751年1月14日（旧辑），伦敦

在哈特先生谈到的你的许多优点中，有两点使我特别高兴。首先，你极其细心地保持了你引为自豪的高尚性格，那是一个最可靠、最坚实的基础，确保你在此基础上站立起来。一个男人的道德品质，比一个妇人的慈善心更加重要。女人出了一两处错，会得到原谅，她的性格也会受此后不断做好事的影响而得以升华；但是一个男人，道德品质一旦被玷污便将无可挽回地彻底毁灭。其次是，你获得了十分正确的有关外国事务的广泛知识，诸如历史、条约、若干欧洲国家的不同政府形式。这些知识不仅对你有用，而且对你未来的命运十分必要，将使你前程无限。他还说，你想要一些有关我国宪法与法律的书，有关殖民地与商业的书，你对这方面还不如对欧洲其他国家知道得多。我将找来此类书籍给你寄去，使你有一个大概的了解，但目前你还没有时间对此深入研究，你不能心有旁骛。等你回国后，我再向你介绍我国的宪法，与你进行系统研究，共同研读必要的书籍。此刻，继续你的学业，同各个国家的大使及其他人员交谈，关注各个国家朝廷的更替，并作追根溯源的探讨。还有学习物理学、地理学以及进行体育锻炼，都将占用你在巴黎的时间；你还得抽出不少时间来同人们交往，享受快乐，同人们的交往有益于改进你的仪态、口才，适应"上流社会"的"仪表"，以便适合你未来的使命。你同各国大使们交往，取得他们的信任，乃至获知他们的秘密，必定从中找到乐趣。

我将先寄去一本有幸找到的博林布罗克勋爵用"约翰·奥尔德卡斯尔"笔名所写的书，篇幅不长，概述了英国历史，将使你对宪法有概略的了解，并

能使你从博林布罗克勋爵所写的著作中学到他那种流畅、华丽的文笔与风格。我还将寄去乔赛亚·蔡尔德爵士所著的有关贸易的小书，此书也许可称为“商业指南”。他制定了真正的商业原则，他的结论通常都是恰当的。

你对商业与贸易开始发生兴趣，对此我很高兴，我将向你推荐一部法国著作，你在巴黎很容易购得，我认为它是世界各国此类书籍中最优秀的，即《萨沃里商业词典》。词典共有三卷，凡有关贸易、商业、硬币、汇兑等，均有清楚解释，我并不是建议你立刻去读这样的书，我建议你应当买一套在手头备用，偶尔翻阅。

你已经有了充足的实用知识与装点知识，由于你的勤奋，知识逐日增多，正在建造一个坚实基础，为未来的事业与财富做准备。你现在在巴黎最重要的目标（其他考虑均须避让），就是成为一个上流社会的人：有教养但不矜持，平易近人而不轻佻，坚定无畏而又不骄不躁，彬彬有礼又不装模作样，能博取好感又不自卑自贱，怡然自得又不大声喧哗，坦诚而不轻率，守密但不故作神秘，无论你说什么做什么，都要注意适当的时机与适当的场合，要依势而定。做到所有这一切，绝不像一般人想象得那么容易、那么快捷，需要细心观察，需要时间。世界是一部巨著，需要大量时间去研读，去理解，你现在还只读了四五页，你没有多余的时间去读一些次要的书籍。

阿尔比马尔勋爵给他一位现在国内的友人写信，说你未按他预计与盼望的那样经常去看他，他担心有人向你介绍了有关他的错误形象。我可以想到，由于你很少去拜访他，他也缺少对你的关注。我对告诉我此事的人说，恰恰相反，你的来信中讲到你受到阿尔比马尔勋爵的接待非常高兴，但因攻读实验哲学不得不放弃一些晚餐机会。我猜真正的原因——我相信不会错——是因为没有法国人常去他的宅邸，你情愿在其他地方吃饭以便多同外国人接触，而你是对的。但无论如何，我以为你不应同阿尔比马尔勋爵疏远，你应去看望他，尽可能留下来吃晚饭，以便你回国后他能为你讲好话。他在国内很有声望，在你回国前，有他为你“吹嘘”（用一个难听的词），对你今后大有好处。

我听说，亨廷顿勋爵与斯托蒙特勋爵已到巴黎，你无疑已见到他们并建立了联系。斯托蒙特勋爵在伦敦的口碑不错，你要同他们建立联系的话，最好多同亨廷顿勋爵接触，理由你很容易猜到。

哈特先生本周内去康沃尔就职，他已接受温莎堡的任命。他约一个月后回来，届时你便可按常规与他通信。

此刻我又接到你在巴黎良好行为的信息。继续“乘华丽的火车前进”吧。再见。

名言佳句英汉对照

Your great point at present at Paris, to which all other considerations must give way, is to become entirely a man of fashion : to be well-bred without ceremony, easy without negligence, steady and intrepid with modesty, genteel without affectation, insinuating without meanness, cheerful without being noisy, frank without indiscretion, and secret without mysteriousness; to know the proper time and place for whatever you say or do, and to do it with an air of condition all this is not so soon nor so easily learned as people imagine, but requires observation and time.

你现在在巴黎最重要的目标（其他考虑均须避让），就是成为一个上流社会的人：有教养但不矜持，平易近人而不轻佻，坚定无畏而又不骄不躁，彬彬有礼又不装模作样，能博得好感又不自卑自贱，怡然自得又不大声喧哗，坦诚而不轻率，守密但不故作神秘；无论你说什么做什么，都要注意适当的时机与适当的场合，要依势而定；但要学到所有这一切，决不像一般人想象得那么容易，那么快捷，需要细心观察，需要时间。

（三）好教养要靠长期熏陶

1751年1月21日（旧辑），伦敦

通过所有来自巴黎友人的信件，我高兴地发现，在众多优点之中，你的好学精神常被着重提及，这是确保你能学好所有事情的关键。当然，那是些小事情，但同样真实的是，那都是些必要之事。如习惯与举止，像你这样年纪的任何人不加注意都将名声受损，而要学好习惯与举止，最简要的途径便是予以重视，向有经验的人士请教。好思想与好本质通常意味着有礼貌，但在好教养方面有千百种细微之处，只能靠长期熏陶方能受益，正是这些仪容的细微之处，将朝臣与上流社会人士同粗汉区别开来。我从好几位友人处获悉，你的仪态已大有长进。你在巴黎应物色学习的榜样，然后以他们的方式同他们竞争。巴黎有一些时髦的用语、词句甚至手势，你有必要把它们学到手，能运用自如到这样的程度——让法国人说："这位青年是地道的法国人。"此后，你将去其他国家，做同样的事情，完全适应当地时尚的仪表与习惯。但法国人却不这么做，法国人到别的地方去，仍固守自己的习惯，自认为是世界上最好的。即使允许他们这么做，他们不去适应外国的习惯也是错误的。一个人到了一个地方，总希望受到当地人的欢迎，而没有比模仿交谈的对方，更能受到对方欢迎，获得别人欢心的了。

我希望你对马塞尔教授的课程更加深入学习。那些讲座虽然可笑，但同时也是很重要的。你应注意听讲，但愿这位教授能着重讲讲有关手臂的知识。人的双臂比身体的其他部分更能决定一个人的仪态是否优美。在欧洲，一个人的手腕扭曲或僵硬，将被认为难看。另外要注意的是，你怎样走进房间，以何种姿态出现在众人面前，这将给人留下第一印象，而第一印象也往往就是最终的印象。因此，你应不断出入马塞尔教授的房间，并假设有各种不同的群体正在室内，诸如：大臣、部长、女士以及混合的群体等。初次露面成功，必然能保持一种高贵的气质，但又绝不能显得有丝毫的傲慢，才能受到尊敬。

我不会向那些学识不如你扎实的人反复讲此类琐事。轻浮子弟只注意这种琐事，因为他们不懂其他重要知识。我担心的是，你过于专注有价值的知识而轻视礼仪，其实它们还是很有用的，尤其对你。

在某些情况下，取悦女士，使她们倾倒于你，对你大有好处。女士们常常喜欢征服别人。顺便问问，你是否仍在爱慕德·贝尔肯洛德夫人？或是别人取代了她在你感情中的位置？我认为这是正常的事。但我建议你要守住秘密，绝对沉默。向人吹嘘，给人暗示，或矫揉造作地予以否认，均为不智之举。在这种事情上，大大方方地保持沉默是唯一正确的态度。

在同女士交往的时候，其实同男士也一样，保持一种“愉悦的心情”是特别要注意的，这正是法国人谈得很多、看得很重的性格，我指的正是“可亲”。这种“愉悦”可以感知而不易用文字描述。这是不同事物的综合结果：殷勤、机敏、不卑不亢；一种宽容的风度，恰当的手势与表情，无论你同意或不同意交谈对方的观点，都以同样的态度出现。仔细观察有“可亲”魅力的人，你的鉴赏力将使你发掘出其中不同的组成部分。无论在你拒绝请求或你的回答预计不会得到对方满意的时候，都要显出“可亲”的态度。如此方能使人咽下一颗不得不吞下去的药丸。“可亲”是许多小事情积累的结果。可敬的哈特先生对我说，你并不缺少“可亲”，我相信他的话。那么，再仔细地学习“可亲”，以臻于完善，你就将得到一切。

你的另一位赞扬者瓜斯科神父写信给我说，他会带你去赴德·圣·杰曼侯爵的晚宴，任你去多少次都会受到欢迎，去的次数越多越好。利用这样的机会，不用改变游历的地方就能接触到不同的国家。他还说，他将领你去参观议会，旁听重要议案的审议。此事极好，你将见到议会内的若干议事室，见到、听到他们如何行事，通过实践观察到他们的权利与特权以补充你的书本知识。

我无需再敦促你寻根究底地研究宪法与政治知识，因为哈特先生告诉我，你这方面存在特殊的兴趣，已有正确的认识。

此刻，我想向你提出若干问题，就像是在向“有经验的法律家”（法语）提问，我确信你能回答上来，而我自己未必就能回答。这些问题是当前的热门话题。

第一，古罗马人选举国王（King）同选举皇帝（Emperor）的方式相同吗？

第二，古罗马人被选为国王需要获得选举人中的半数票，还是三分之二选票，还是全体一致通过？

第三，古罗马人选举国王与选举皇帝是否在法律或宪法上对选举本身或选举形式有特殊规定？查理四世的金玺诏书（golden bull）是否把二者统一起来了？

第四，是否有一个选举人会议对选举罗马国王作出规定与限制？这些限制性的规定合法吗？具有法律效力吗？

我亲爱的孩子，我是多么高兴能提供给你一些知识。只有知识，而不是一闪而过的才华，才能使一个人成为有用之人。一个人精通专业而才华不足，便很难在议会立足，在其他位置上也一样；一个人才华不错，即使专业欠佳，如果有口才，能滔滔雄辩，肯定也会成为议会中的首领。

亨廷顿勋爵写信给我，说他见到了你，说你的要好同学又换了人。

告诉我，你对亨廷顿勋爵的看法，还有他的朋友斯托蒙特勋爵，以及你对你所遇见的其他英国上流社会人士的看法。我承诺，绝不把这些意见透露出去。我们之间的通信必须像朋友对朋友那样交心，毫无保留。我还会在信中写到千百件事，只让你一人知道，再无别人。

再谈谈另一个话题吧（我喜欢同你谈论所有的话题）。你对意大利的了解有多深？你知道阿里奥斯托、塔索、薄伽丘、马基雅维利吗？如果你知道，那么，有时间的话就读读有关他们以及其他人的书，可理解得更深一些。用意大利文写的有关商业的书很少，如果你能读懂意大利的文学作品，会对你很有用，你可以勉强同一些不会说法语的意大利人交谈。如果你充分利用闲暇时间来学意大利语，使用这种语言交谈就毫无困难了。意大利语和德语不同，你说德语、写德文相当不错，这对受雇在帝国政府工作的人（你很有此可能）来说，非常有用。因此，请你勤勉学习德语，每天写四五行德文，遇到每一个德国人都用德语同他们交谈。

因邮政部门粗心大意，我未能收到巴黎寄来的几封信，还有些信晚到数日。也许正是这个原因，我已有两个多星期未接到你来信，这对我的耐性来说，已是一段很长的时间了。我期望每周收到你的信件一次。哈特先生去了康沃尔，大约三周后回来。一有机会，我将带给你一包书籍，估计约克先生回巴黎时即可带去。有关希腊的书是哈特先生找来的，有关英国的书是你谦卑的仆人找来的。阅读博林布罗克勋爵的著作要用心，不仅要学习内容，还要学习他的写作风格。我希望你使用多种语言时都要形成自己的写作风格。文风是思想的衣装，装备好衣装的思想就像配上好衣装的人，大有益处。

名言佳句英汉对照

Good sense and good-nature suggest civility in general; but, in good-breeding there are a thousand little delicacies, which are established only by custom; and it is these little elegances of manners which distinguish a courtier and a man of fashion from the vulgar.

好思想与好本质通常意味着有礼貌，但在好教养方面有千百种细微之处，只能靠长期熏陶方能受益，正是这些仪容的细微之处，将朝臣与上流社会人士同粗汉区别开来。

（四）绝不要匆忙行事

1751年8月28日（旧辑），伦敦

日前，有人送来一张九十英镑的账单，要我替你偿付。最初，我迟疑不决，不是因为账单上的数目，而是未因此事接获你的信件，往常都是有信来的；再者，我也未见你的签名。送账单的人要我再细看看，说准会在账单底部发现你的签名的。于是，我再看看，借助于放大镜，才发现刚才以为是他人签名的地方真是你的名字，字写得这么小，这么潦草，系我生平所未见。

我胡乱地付清了账，情愿算我丢了这笔钱，也不愿那个签名竟出自你的手。所有的绅士，所有事业有成的人，对自己的名字都是同一种写法，他们的签名为众人所认知，却不易被人模仿；签名一般都比平常写的字较大。而你的签名比你平常的笔体更小、更差。这使我想象你因书法不佳可能遇上的各种各样的事故。譬如，如果你在部长办公室里写这么糟的字，你所写的信件就可能因被误解为其中隐藏着秘密立即被送往解密处。如果你是写给一位文物收藏家，他（知道你是一个有学问的人）一定以为是古代北欧文字或凯尔特文字或斯拉夫文字，但永远猜不到是现代英文。如果你用这样的书法写一封poulet（法语：情书）给一位贵妇人，她会猜想准是从一个poulailler（法语：鸡笼）写来的。这个字的词源正好就是“poulet”[①]，因为法王亨利四世习惯于用

① 法语中，poulet既作情书讲，也作雏鸡讲。——译注

“poulailler”送情书给他的情妇，伪装是在送鸡。因此，后来就把那种简短而另有含意的手迹称作“poulet”。我常对你说，每一个有手有眼的人，都能写出一手好字。尽管未学书法，你的希腊文与德文却写得很好；而你专门向教师学习过书法的英文，却写得一塌糊涂，缺乏教养。我既不希望你写得僵硬或矫揉造作，也不期望你成为一名书法家，但一位事业有成的人必须有流利的书法，只要多写就成。为此我建议你在巴黎找一位书法家，用心学习一个月即可。书法的重要性你还未能充分体会。

也许你会说，你写得这么潦草是因为过于匆忙。那么，为什么要这么匆忙呢？一个有见识的人，有时会急迫，但绝不匆忙，因为他明白，只要一匆忙，就必然把事办坏。无见识之人总是匆匆忙忙，因为他们所做的事是他们力所不逮的，因此，他们奔跑，他们飞跑，他们困惑、窘迫，不知所措。他们做什么事都想一蹴而就，而不是把它做好。而一个有见识的人总是为所做的事情准备出必要的时间，虽然他在实施过程中有时需要紧急处理某件事务，但他总是冷静地、镇定地做事，在第二件事开始前恰好完成第一件事。我占用你不少时间，而你有许多事情要做。但须记住：宁可做好一半剩下一半，也切不要全部都做，但做得马马虎虎。从前有位教皇，我想是契奇红衣主教吧，人们嘲笑他只注意琐事，而遇到大事总是束手无策。在你这样的特殊阶段，以及你所处的地位，遇到的还只是一些小事，你必须养成习惯把小事一一处理妥当。鉴于目前还没有大事占据你的头脑，你完全可以把书法练好。把跳舞、着装、出场…… 这些小事学好，今后就可以去做大事了。

我总在不断地思考你会遇到些什么问题，现在想起一件事，有必要提醒你，免得今后被动。你在巴黎结识了更多的新朋友，这样，就不可能同老朋友还像以前那样密切交往。举例来说，在你初次出席社交场合时，我估计你主要去过蒙孔赛尔夫人、赫维夫人、博卡热夫人的宅邸。现在，你去过这么多宅邸，就不可能再像从前那样常去那几位夫人的宅邸了。但请你注意不要让她们有丝毫感觉，以为你结识了更多高贵的著名人物而对她们有所忽视甚或轻视。还应常去拜访，当然待的时间不必像从前那样长，向她们表示歉意说你不得不告辞，因有此种或彼种约会不得不去；并说你其实是情愿在此处待下去的。总之，要尽可能广交朋友，少树敌人。我所指的，并不是一个人一生中只能拥有的三五知已，而是一般意义上的朋友，就是指那些能为你说些好话、对你只会有益不会伤害、坚持他们自己的利益不肯再朝前走一步的人。总而言之，我一而再地建议你：要做得“有风度”。有了朋友的支持，你将事半功倍，受到赞扬；没有朋友，你的优秀品质也会丧失一半功效。努力在法国人中间成为名流，那将使你也在英国成为名流。马提翁先生已经把你称作“一个地道的法国青年”（法语）。如果你在巴黎能普遍得到这样的称呼，将使你成为“一个时髦人”（法语）。

名言佳句英汉对照

A man of sense may be in haste, but can never be in a hurry, because he knows that whatever he does in a hurry, he must necessarily do very ill.

一个有见识的人，有时会急迫，但决不匆忙，因为他明白，只要一匆忙，就必然把事情做坏。

（五）有见识的人应更谦虚

1751 年 2 月 4 日（旧辑），伦敦

我接到的你在巴黎的信息使我越来越满意。阿尔比马尔勋爵写给我一封信赞扬了你，这里的许多人都看到了这封信，这对你的前程很有用。成为上流社会人士，对任何地方的任何人都很重要，对你来说，更重要的是在你回国之前就有了名气。如此，你在成功道路上已走了一半路程。而我确信，你是不会让人改变对你的好感的。我深信，你不会成为一个自以为是的蠢人。你现在的学问还有待于充实，我的方针是，不逼迫你而是推动你去获得更多的知识。为此，我将摘录一段最近收到的一位不带偏见的、有眼力的朋友的来信，我想，这对你们二人都是公正的："爵士，请允许我深信不疑地对您说，斯坦诺普先生是会成功的。他有丰富的知识，有非凡的记忆力，尽管他从不炫耀他的这些长处。他渴望做到令人满意，他一定会做到这一点。他仪表堂堂，身材匀称，虽然稍矮小了些。他从不举止失措，尽管他尚未把应有的礼仪完全学到手，马塞尔夫妇会教给他一切。总之，他没有任何缺陷，除了像他那种年纪的年轻人通常无可避免地欠缺的东西，我指的是，某种特色与仪态的细微之处，这些只有在优秀的群体中长期熏陶才能获得。像他那样的天分，将会很快学到，尤其他所结交的群体正是最适于影响他的人。"

我深信不疑，以上的摘引，是可信的，你我二人都满意于你已学到很多，欠缺很少。尽管你已有长足进步，但仍须显得谦逊，同时内心要更加坚定，更有信心。你所欠缺的，并不难学到，但须加倍努力。实际上，欠缺的东西在一些愉快欢欣的场合就可获得：交友、晚宴、舞会、观剧等，都有一些样板供你学习，之后形成自己的风格。习惯用语、习惯动作，以及仪态方面的细微之处，必须注意。这些方面，你目前所在的骑术学校与学院中会有一些年轻的同学和贵夫人给你指点。

博卡热先生是你的又一个赞扬者。他告诉我，他的夫人说你"是一位好朋友，谦虚得像一个仆人"。你一定会感到高兴的。你做得对，这正是提高自己的方法。同每一位女士交谈都要用这种态度。

我恰有机会通过信使波拉克（他曾做过我的仆人）给你带去一包希腊

文和英文的书籍，我将托约克先生再给你送去两本。但是我又担心你没有那么多时间去读这些书。你还是应该先读最重要的书，无疑就是：近代历史、地理、年代学与政治方面的知识；还有当代的宪法、行为准则、军事、财富、贸易、商业、杰出人物、政党以及某些欧洲朝廷钩心斗角之事。许多被认为是优秀的学者的人（尽管他们对雅典与罗马的政府体制也不甚明了），其实他们对现时欧洲政府的体制完全无知，甚至对他们本国政府的体制也弄不明白。只需读一点拉丁文、希腊文的著作即可使你获得古典知识，年轻时可作为装饰，年老时也可以自娱。但是，真正有用的知识，尤其对你来说，是上述有关的现代知识。这将使你无论是在国内工作还是国外工作都有合格的条件，你的注意力应主要放在这方面。我深信，荣誉感使一个有见识的人更加谦虚，当然也更加坚定。一个炫耀荣誉的人，是一个自以为是的蠢家伙；而一个不知荣誉为何物的人，则是一个莽汉。一个有见识的人懂得荣誉，努力争取荣誉，使自己得益于荣誉，但绝不吹嘘，并且总是让人觉得你低估了而不是高估了自己的荣誉，尽管实际上你对自己的荣誉有一个正确的估计。

请将附条交给瓜斯科神父，他对你很有用。让他带你去各处看看，他虽才华平平，但有知识。各人有各人的长处。孟德斯鸠先生从任何方面来说都是你最有用的朋友。他有才华，是世上少有的学问家。

再见。愿优雅与你同在。如果优雅不愿前来，就把它抢过来，强迫它与你为伴，无论是在你思索的时候，还是说话与行动的时候。

名言佳句英汉对照

I am convinced that the consciousness of merit makes a man of sense more modest, though more firm. A man who displays his own merit is a coxcomb, and a man who does not know it is a fool. A man of sense knows it, exerts it, avails himself of it, but never boasts of it; and always seems rather to under than over value it, though in truth, he sets the right value upon it.

我深信，荣誉感使一个有见识的人更加谦虚，当然也更加坚定。一个炫耀荣誉的人，是一个自以为是的蠢家伙；而一个不知荣誉为何物的人，则是一个莽汉。一个有见识的人懂得荣誉，努力争取荣誉，使自己得益于荣誉，但绝不吹嘘，并且总是让人觉得你低估了而不是高估了自己的荣誉，尽管实际上你对自己的荣誉有一个正确的估计。

（六）讲话要注意气派、仪态

1751年2月11日（旧辑），伦敦

在你去观剧的时候（我希望你常去，这是一种很有意义的娱乐活动），你一定会观察到，会演戏还是不会演戏，效果完全不同。高乃依的最佳悲剧，如果演员道白好、演技好，就能引人入胜，深深打动观众的感情。疼爱、恐惧与怜惜，将交替向你袭来。但是，如果演员的道白不好，演技不好，只能激起你的愤慨或大笑。为什么呢？剧本还是高乃依的剧本，同样的事件，同样的含意，可就是仅仅因为道白与表演的风度不同，却使演出的效果迥然不同。你可以由此看出，如果你想在私人聚会中赢得好感，或在公众集会上获得成功，就必须注意气派、神态、手势、仪态、清晰的发言与正确的重音、恰当的加重语气以及语调的节奏，这些方面与你讲话的内容同等重要。不要理会那些笨拙的、粗俗的、愚钝的家伙说什么，他们只看重讲话内容与道理分析，他们轻视所有那些装饰性的优雅之处，而正是这些东西才能打动人心。那些家伙将发现，他们那些粗糙的、未加修饰的讲话内容，那些僵硬的、自以为是的议论，

既引不起人们的兴趣，也说服不了听众；相反，只能使人生厌，使人反感。

这个问题直接关系到你。须知，除非进了议会，否则，在这个国家是出不了名的。你能否成功，就看你能不能成为一名演说家。记住我的话：要想成功，讲话的风度比讲话的内容更重要。皮特先生与副检察长默里先生（斯托蒙特勋爵的叔父）是无人可及的最优秀的演说家。他们一开口就能把议会或者煽动起来，或者平静下去。他们能使人声鼎沸的集会立刻鸦雀无声，连一个别针落到地上都能听见。是不是他们讲话的内容比别人强？或者他们的辩论更加有力？是不是议会期望能从他们那听到特殊的消息？不，根本不是这样。议会只想从他们的讲话获得乐趣。他们注意听，他们听到了，他们便鼓掌。尤其是皮特先生，他在议会事务方面所知甚少，他的讲话内容空空洞洞，他的论据往往很弱，但他的口才是超一流的，他的姿势很优美，他发音清晰，声调和谐，文辞藻饰恰如其分，所用的每一个词都是最恰如其分的、最富表现力的。由此可以得出明显的结论：是这些东西，而不是演说的内容使他在议院大受欢迎。人们在平常交谈中也完全适用这些原则。即使谈论的是些小事，只要表达得很优雅，再伴以完美的风度，就能获得听众的欢心。反过来说，如果你不得不去听某个笨人唠叨一些令人厌烦的、浑浊不清的、词句蹩脚的讲话，尽管所讲所事物本身还是有趣的，你会有什么感觉？在你的日常谈话中就要注意这些问题，并形成习惯，那么，等你进入议会时，只需把嗓音提高一些就行了。在你开口之前，要想好用词，安排好前后次序，做出最恰当的选择。用你自己的耳朵来听听，是否有刺耳的声音，语气是否很单调？还要注意你的姿势与外表。法国人十分注重这些事情，无论谈话或写信，都很看重词句是否优雅。细心观察他们，形成你自己的法国风格，能优雅地使用一种语言便能优雅地使用他种语言。我认识一个年轻人，刚刚入选议会就受到了耻笑，因为有人从他的办公室大门的钥匙孔中发现他在一面大镜前演习讲话的手势与姿势。我不会去耻笑他的，相反，我认为他比嘲笑他的人更聪明，因为他认识到这些小事的重要性，而嘲笑他的人却未认识到。在欧洲，一个教养差的人，遇到一位女士掉下扇子会去把扇子捡起来，送还给女士；教养好的人，也不过如此。但是，效果会有很大差别。后者，动作优雅，因此能取悦于女士，而前者因动作拙劣而受到耻笑。我一而再、再而三地不厌其烦地对你讲：气氛、姿态、仪容、风格、风度，所有那些装饰性的东西，必须成为你要注意的永恒重点。你现在学不到的话，就永远学不到了。为此，宁可推迟其他方面的考虑，也必须在这些方面狠下功夫，不要浪费一分钟。坚实的内容，同装饰性的东西结合起来，当然是最好的，但如要我做出某种选择的话，我会毫不犹豫地选择后者。

我希望你向马塞尔先生勤奋学习，他是巴黎最出色的舞蹈教师。你学会了如何在餐桌上切肉了吗？如果切肉切得不雅观，将是一件可笑的事情。要是有人告诉你他不会切肉，就像是在告诉你他不会擤鼻子；这两件事都很重要，也都很容易学。

替我向亨廷顿勋爵致敬意，他是我所最敬重、最喜爱的人，我敢说，你也这样。我将很快给他去信，尽管我相信他几乎没有时间来读信。你的经验可以告诉你，我对我所喜爱的人写信总不会是短信。这封信就是证明，其实我本想写得更长的。

名言佳句英汉对照

If you would either please in a private company, or persuade in a public assembly, air, looks, gestures, graces, enunciation, proper accents, just emphasis, and tuneful cadences, are full as necessary as the matter itself.

如果你想在私人聚会上赢得好感，或在公众集会上获得成功，就必须注意气派、神态、手势、仪态、清晰的发音与正确的重音、恰当的加重语气以及语调的节奏，这些方面与你讲话的内容同等重要。

（七）有学问要深藏不露

1751年2月28日（旧辑），伦敦

马提雅尔有一首警句诗，译成英文是这样的：

“我不喜爱你，失败博士，

我说不出什么道理。

但是我非常清楚——

失败博士，我不喜爱你。”

这首警句诗曾使许多人困惑，人们无法相信，怎么会没有任何理由就说不喜爱某个人呢？我倒认为马提雅尔的意思十分清楚，尽管警句诗本身要求词句简短，使他无法更充分地解释。我的理解是这样的：噢，萨皮提斯，你是一个非常出色的人，你有一千种优秀品质，你有很多很多的学问，我佩服你，我尊敬你，但是按我的性格我并不喜爱你，尽管我也说不出什么道理。你不让人觉得可爱，你的谈吐（尽管不可能加以限定）本该是绝对会取悦于人的，但你缺少那种动人的风度，缺少使人愉快的吸引力，缺少那些优雅的气派。我也说不出是这方面还是那方面的原因阻碍我喜爱你，那是一种综合性的效果，使你未获大众的欢心。

在我一生之中，不知有多少次遇到过这种情况。我有许多熟识的朋友，我看重他们，尊敬他们，但却爱不起来。我不知道为什么会这样。因为，一个人在年轻的时候，不愿费事、不愿找出时间来分析自己的感情，并追究它的根源。但通过后来的观察与反思，我明白了其中的道理。有这么一个人，他道德高尚，学问高深，才华出众，我看到了这些，我钦羡他，我尊敬他，但我就是无法喜爱他，每当他来到我们一伙朋友中间，我就会感到惴惴不安。他的体形（未曾受到损毁）看来比一般人要差，双腿与双臂从不搁在适当的位置，举手投足恰恰是优雅的对立面。他随手抛洒碎屑，喝茶像牛饮，不会切肉只会乱剁。在公共社交生活中，他常常不遵守时间，甚至弄错了地方。与人辩论时面红耳赤，意理不清，从不考虑对方的社会地位与性格，完全忽视交情深厚与尊敬程度的不同。他对上司、对同级、对下属都是同样满不在乎的态度，这么一来必然的结果是三个人中有两个人不喜欢他。这样一个人能让人喜爱吗？不能。我至多把他认作是一个可敬的霍屯督人。

我还记得，我刚从剑桥出来时，从那个偏执的研究班的一批迂夫子那里学到的只是华而不实的文学，讥讽与轻佻，和强烈地争辩与对抗的倾向。好在当时我还只是个小人物，后来我发现这些是不对的，便立即采取了与之相反的态度。我把我的学问深藏不露；我常向旁人鼓掌但内心并不诚服；我常常让步，实际上并不认输。在社交活动中，灵活性是必不可少的，正如在政治领域也必须有多样性的才华。人必须常常让步，为的是最后的胜利。人必须谦虚，为的是求得进一步的提高。

你在大学中结识了多少法国青年？他们是些什么样的人？来信给我讲讲，你们闲聊些什么？在遍布巴黎的各种各样的英国人中，你常来往的是些什么人？诺莱神父的课程教完了吗？你学到了有关气质的精义了吗？在这方面，最好多向马塞尔请教。如果你向诺莱神父学得差不多了，那就让我的朋友萨利埃神父为你推荐一些普通学者，教你一点几何学与天文学，但不要分散你的注意力，不要打乱你的计划，只要有一点知识就可以了。最近我对天文学产生了一点兴趣，上星期一，我在上议院提交了一项法案，建议修改我国现行的历法，采用新历。为此，我不得不讲到一些天文学的术语，其实我自己并不完全理解，但我用心记住了一些，因此，能侃侃而谈。其实我本该多储备一些这方面的知识，我希望你也如此。

附言：刚好我收到了你 2 月 27 日的来信。印章将尽快做好。我很高兴，你已为阿尔比马尔勋爵所雇用，这至少能教会你一些技术性的事务，诸如收发信件，登记与摘录信件，你须注意，凡是你读到的、写到的内容都须保守秘密。遗憾的是，这些工作干扰了你的骑术训练，但愿所占时间不多。我坚持认为不应让这些事情干扰了你学习舞蹈，你目前的舞蹈教师是当前所能找到的最佳教师了。

名言佳句英汉对照

I concealed what learning I had; I applauded often, without approving; and I yielded commonly without conviction.

我把我的学问深藏不露；我常向旁人鼓掌但内心并不诚服；我常常让步，实际上并不认输。

（八）既要态度温和，又要意志坚定

（无日期）

不久前，我给你讲述过一个名句，我最诚恳地希望你牢记在心里，落实在行动。那就是："既要态度温和，又要意志坚定。"（法语）我不知道在人生的方方面面还有什么别的原则比这更重要、更普遍适用。今天，我就想以此为主题，同你谈谈。老年人喜欢讲道，我也有点权利向你讲道，今天就以此作我的讲道词的主题。我亲爱的孩子，首先，我要给你讲讲"态度要温和"与"意志要坚定"这二者之间的联系；其次，我要进一步讲讲它们的好处和用处；最后得出一个结论。如果片面强调“态度要温和”，丢掉“意志要坚定”，会滑向一种自卑、猥琐、被动的境地；片面强调“意志要坚定”，丢掉“态度要温和”，也会滑向急躁、蛮干的境地。的确，二者结合的情况是不多的。

有些暴躁、容易激动、野性的人，轻视“态度温和”，遇到任何事情都用“意志坚定”来对付。这样的人，如果碰上胆小、懦弱的人，也许会侥幸成功，但是，一般来说，他会得罪旁人，被人仇恨，从而失败。而相反，狡猾、耍小聪明的人认为只要“态度温和”就无往而不胜，这种人会变得毫无己见，随风转舵，实际上成为蠢人，受人愚弄，受人轻视。只有聪明人才能把“态度温和”与“意志坚定”结合起来。

如果你处于权威的地位，有权下命令，那么，你下命令的语气温和一点将更受欢迎，从而执行效果更好。如果一味强调“坚定”，必然有“蛮干”的味道，命令将受干扰而不能彻底执行。拿我自己来说，我吩咐下人拿一杯酒来，如果用一种粗暴的、盛气凌人的口气，他固然会顺从我，但很有可能把几滴酒洒在我身上，我也无可奈何。冷静的、坚定的决心显示出你有下命令的权力，人们必将服从；但同时，态度上谦和一点，会使人对命令更乐于服从，使对方那种因处于劣势而产生的委屈感尽可能地软化。如果你是在请求帮助，甚或在要求获得自己的权益，那么你就必须“态度温和”，否则，就会让那些有拒绝之意的人把你态度不好作为他的借口；但是，另一方面，你必须坚持不懈而又不失体面地显示姿态坚定。人们行动的真实动机，往往并非正义，尤其是国王们、大臣们以及处于高位的人们，往往出于恐惧与专横便拒绝给予公正、给予奖赏。处于高位的人们对于其他人的匮乏与不幸是冷漠无情的，就像外科医生对病人的痛苦已习以为常，他们整天见到、听到病人的呻吟，也弄不清谁是真疼，谁是装疼。

如果你发现你的脾气有些急躁，却不加抑制的话就会导致对你的上级、同级或下级迸发出不明智的、粗鲁的表现，此时，你应密切关注你的脾气，加以抑制，把“态度要温和”请来帮你的忙，情绪稍有激动，就要立刻冷静下来，直到回归宽容。你的面容对工作影响至大，使那些不当的表情让人看不出来，这就是对事业的一项难以用言语形容的优势。但是，你也不要过于殷勤、谦恭，去讨好别人；对旁人也不要去劝诱、哄骗与谄媚。让步与逆来顺受常被滥用，并受到非正义力量与冷酷无情的人的伤害，但是，让步有了“坚定意志”的支持，便会受到尊重，通常也就会成功。在你同友人的交往中，这一原则特别有用；甚至对与你不和的人也适用。你应把坚定与果敢始终保持下去。你所表现出来的态度应防止把朋友与支持者的敌人变成你的敌人。让你的敌人在你的高尚姿态前解除武装，但同时要让他们感到，你是坚定的，有义愤的，这同蓄有恶意有根本区别，蓄有恶意的人总是苛刻的，而坚决自卫则是深谋远虑、无可非议的。在同外国部长（大臣）打交道时，要记住“意志要坚强”，勿放弃立场，宜采用权宜之计，直到最后做出必要的退让，然后扯平，再顽强计较，寸土必争，如果，当你面对的部长（大臣）的意志也很坚定时，记住要用温和的态度来战胜此人。如你深获他意，便有大好机会，使他如你所愿去理解，如你所愿去决策。以诚恳的骑士风度对他说，你们的争辩并未降低你对他个人品质的评价，而恰恰相反，他的热忱与才能已令你刮目相看，更重要的是，你渴望成为他的好朋友。运用这些方法，你将经常成为赢家，绝不会成为输家。有些人无法对他们的对手、竞争者、反对者宽容一些、礼貌一些，就算未发生那类冲突，他们本来也抱有成见。这些人不齿于同对手、竞争者、反对者为伍，一味抓住一些小事情去暴露对方，这样，本来是暂时性的、偶然性的对头，就成了长期的敌人了。这种做法是极端不利的。要想事业成功，必须要有不动摇的好计谋和正确的分析。在这种情况下，我愿意特别强调对那些在意图上我持反对态度的人要“高姿态”、礼貌、宽容、坦诚，通常把这样的态度称之为“大度”与“宽宏大量”，实际上，也就是有见识，有计谋。态度常常同事情本身同样重要，有些时候，比事情本身更重要。态度不好，施恩反会树立敌人；态度好，伤害也会交到朋友。表情、讲话、言辞、清晰的发言、风度，以及“态度温和”的巨大功效，再加上“意志坚定”的巨大尊严，必将给他们留下极深的印象。

综上所述，可以得出结论。态度的温和，再加上意志的坚定，是人类在道德方面自我完善的一种最简要的也是最充分的表述。你完全可以充分信赖这条真理，在你的一生中、在与人交往中，严格恪守，始终不渝，这是我对你最诚恳最热切的希望。

名言佳句英汉对照

I mentioned to you, some time ago a sentence which I would most earnestly wish you always to retain in your thoughts, and observe in your conduct. It is "gentleness of manners, with firmness of mind." I do not know any one rule so unexceptionably useful and necessary in every part of life.

不久前，我给你讲过一个名句，我最诚恳地希望你牢记在心里，落实在行动。那就是“既要态度温和，又要意志坚定”。我不知道在人生的方方面面还有什么别的原则比这更重要、更普遍适用。

（九）对批评和指责随时做好准备

1751 年 3 月 11 日（旧辑），伦敦

我从最近的邮班收到了瓜斯科神父的来信，信中说他与阿尔比马尔勋爵的看法一样，认为你现在在学院中的住宿条件太差，应立即调换。我对你在学

院"寄宿"（法语）找不出任何好处，何况该处离你的骑术学校、离你所有的教师都那么远，我同意你搬进一间"有家具的公寓"（法语）。瓜斯科神父将为你物色一间，你将此信中的附件送交给他。如你住进私人寓所，必须注意拒绝他们供应英国式的早餐与晚餐，前者将消磨掉一上午时间，后者将因毫无意义地用蹩脚葡萄酒为英国干杯的仪式而把整个夜晚弄得无聊至极。只要在阿尔比马尔勋爵处的公事已毕，你就必须尽可能地多去骑术学校。但在诸事之上，尤须经常访问马塞尔，此刻，对你十分重要的是：学会"所有那些小事"（法语）。"兴味与优雅"（法语）都是由那些"小事"（法语）组成的，没有这些，你将一事无成，而那些"小事"都无法言传，只能心领神会。顺便说说，你若租房，可租赁一整年，房价可望较低廉。我希望你在一年内回国，小住一下再回巴黎住一年，直到 1752 年的 4 月底，届时，你已将"礼貌、风度与卓越的上流社会的优雅（法语）"学到手，我便可安排你获得适合你发展的某个职位。

最后，我已收到你制作的礼物——普朗歇卡通画。普朗歇画得很好，可惜他没有把原来的人物都画出来。我将把它悬挂起来，日后它仍将归属于你。哈特先生健健康康地从康沃尔回来了，并已在温莎堡大教堂任职牧师。我想，你一定会经常向他表达强烈感激与牢固友谊之情。多给他写信，仔细阅读他给你的来信。他将在布莱克希思与我们见面，时间为来年 8 月。提到此次会晤，我想给你讲一点事理。仇恨、妒忌、羡慕，使很多人专注于发现他们所不喜爱的人们的最细微的缺陷，每当他们有所发现时，便兴高采烈，并设法传播开去。感谢上帝，我从不知道此三种感情为何物，我胸中从无它们的位置；但是，喜爱对于我也起着同样的作用，使我专注于发现我所喜爱的人的细微缺陷，不同的是我将它们隐藏起来，不去传播。我带着好奇心去发掘，去分析。但愿发现是完美的，或者近乎完美的。任何瑕疵都逃脱不了我的眼睛。为此，你必须准备面对每个人都会遇到的苛刻考验。我会发现你最小的以及最大的缺点，我将十分坦率地向你指出，“t ête- à -tête”（法语：促膝谈心），绝不会透露给其他任何人。我想，预先告诉你，比较公平。估计我的批评很可能失败，尤其是对于一个性格外向的人。我并不怀疑你的心胸有问题或头脑有问题，但是，坦率地说，我对你的气派、你的言谈、你的风度、你的“tournure”（法语：姿势），尤其是你的发音以及穿着打扮，总有点不放心。这些方面都要经受检验。当你同我在一起的时候，你在家中、在饭桌上，必须十分得体，任何不准确与不雅观的微瑕都不会瞒过我的双眼。你见到我向你投去一个眼光，便是事后我们单独相处时将要讨论问题的所在。你会在布莱克希思见到许多人，各式各样的人，尤其一些外国人。因此，必须注意你的仪表和一切装饰性的东西，它们将有助于使你无懈可击。有些作家首先站出来批评自己的作品，为的是堵别人的口，但他们的批评是如此的软弱无力，以致不仅他们的作品仍要受到批评，连他们自己装点出来的批评也会受到严正的批评。我不属于那样的作家，相反，我对这件作品越喜欢，我的批评也越严格。如果你能有效地改正我所指出来的过失，我保证你绝不会再受到旁人的指责。

你是否对巴黎的事物有较深入的了解？该看的是否看仔细了？不少人看也看了，听也听了，就是不能理解。举例来说，如果你去到残疾军人院[1]，难道你见到那个可容三四百位残疾人吃饭的大厅、见到残疾人居卧的狭长房间就满足了吗？还是你依旧要去研究他们的人数、职务、年金以及提供保证的基金组织等情况才足够？前一种情况，我把它只称之为“开头”；后一种情况才是“看”。许多人利用“Les vacances”（法语：假期）去参观议院，只是看看那些议事室，这些房间同别的大房间没有多大区别。你去参观，应在议事室内有人之时，看看他们在做些什么，听听他们在说些什么，弄懂他们的体制、权限、程序，到不同的议事室去听他们如何谈论某些议案。

---

① 建于1670年，路易十四时代。——译注

我愉快地获悉你同德·圣·杰曼侯爵相处甚好，他的人品极好。你与同驻巴黎的其他大使相处如何？你同德国大使和夫人常见面吗？你同西班牙大使有无交往？这将是很有用的。来信中多谈谈你是如何消遣时光的，同哪些人经常来往。你最常去赴宴的是哪些宅邸，去谁家次数最多？

名言佳句英汉对照

Hatred, jealousy, or envy, make most people attentive to discover the least defects of those they do not love; they rejoice at every new discovery they make of that kind, and take care to publish it. I thank God, I do not know what those three ungenerous passions are, having never felt them in my own breast; but love has just the same effect upon me, except that I conceal, instead of publishing, the defeats which my attention makes me discover in those I love.

仇恨、妒忌、羡慕，使很多人专注于发现他们所不喜爱的人们的最细微的缺陷，每当他们有所发现时，便兴高采烈，并设法传播开去。感谢上帝，我从不知道此三种感情为何物，我胸中从无它们的位置；但是，喜爱对于我也起着同样的作用，使我专注于发现我所喜爱的人的细微缺陷，不同的是，我将把它们隐藏起来，不去传播。

（十）演说的口才有时要比内容更重要

1751 年 3 月 18 日（旧辑），伦敦

前次信中我曾向你提起，我在上议院提交了一项议案，建议修改现行历

法，从儒略历改为格里高利历[①]。现在，我想给你讲一点这方面的事情，对你有用，估计你现在还知之不多。众所周知，儒略历是有错的，一年多出了十一天。教皇格里高利十三世纠正了这一错误，他修订的历法很快为欧洲的天主教国家所接受，后来，所有的新教国家，除了俄罗斯、瑞典与英国外，也都采用了新历法。依我看来，英国仍用儒略历是极不光彩的。尤其在同外国打交道时，无论政治上的或商业上的交往，都极不方便。因此，我试图改革，我曾向最优秀的律师、最有才干的天文学家咨询，并与他们共同起草了一个议案。但从此就引起了麻烦。议案中不可避免地运用到了法律术语与天文学的计算，我在这两方面都是外行。然而，让上议院以为我是懂行的是绝对必要的，还必须使议员们相信他们自己也懂点行，尽管其实他们是不懂的。从我这方面来说，我对他们讲天文学，就像是在用凯尔特语或斯拉夫语讲话，可是他们都"听懂"了。我想，最好让他们听得有兴趣，少讲些科学知识。因此，我只给他们讲讲历法的历史，从古埃及的历法讲起，一直讲到格里高利历，并不时插进一些逸闻趣事。我非常注意用词的选择，注意句子的圆满与雄辩有力，还注意运用手势。这样便有助于成功，也一定会成功的。他们以为我传给了他们知识，其实我不过是让他们觉得很开心。许多人认为我已把全部知识都很清楚地讲给他们听了。我连想都不敢这么想。麦克尔斯菲尔德勋爵是议案主要起草人之一，他是欧洲著名的数学家与天文学家，他继我之后发言，讲了大量的科学知识，十分详尽细致，但他的用词、句法、口才，都不如我。议院一致对我的发言给以好评，而对他的讲话评价平平，这是不公正的。但事情就是这样子：每次开大会都是乱哄哄的一群人，尽管组成这个人群的个人都是有地位有身份的。对闹哄哄的人群，光讲道理讲学问是不行的，必须适应人们的情感、人们的见识、人们的兴趣。集体的共识是谈不上的，但他们有耳朵、有眼睛，必须

① 儒略历，系古罗马统帅尤利乌斯·凯撒开始采用的历法。格里高利历，系教皇格里高利十三世对儒略历进行修订后于1582年颁行的历法，即目前全世界通用的公元纪年法。——译注

让耳朵和眼睛得到满足，这只能靠流利的口才、铿锵的声调、优美的姿势等等诸般演讲术的才华方能奏效。

如果你进入下议院，想象那里一定有一些朴实无华、很有见地的演说，那可就大错特错了。讲话受欢迎的程度是依口才好坏来定的，而同讲话的内容无关。因为大家都知道那些事情，观点大同小异，但只有很少几个人能讲得有声有色。我很早以前就相信口才的重要性并身体力行。即使是平常的交谈，我也从不使用不是最有表现力、不是最华丽的字句，由此，我在一定程度上已养成口才流利的习惯。我对你谆谆教诲，学会装饰性的东西是你目前唯一的目标，但似乎你对此真理仍未深信。你现在的关键是要去“发光”，而不是去“增重”。金属没有光泽只能是一块铅块。你宁可使用华丽的辞藻多同最唠叨的女人谈最琐碎的事情，也少同最实在的男人去研究问题。你要学好把一把扇子从地上优雅地捡起来，而不必去举起一千磅重的重物而显得十分尴尬。你要学会用优雅的姿态拒绝一项恩惠，而不必去笨手笨脚地施舍某件物品。仪态是一切，各种场合莫不如此。只有靠仪态，你才能获得众人的欢心，从而步步高升。马塞尔比亚里士多德对你更有用处得多。说实在话，我更情愿你把博林布罗克勋爵的写作风格与口才学到手，这比所有那些科学院与皇家学会的学问重要得多。

提到博林布罗克勋爵的风格，毫无疑问，比起其他任何人具有无限的优越性。你身边有他的著作，我亟盼你多多阅读，尤其要注意他的写作风格。你应把它们抄录下来，加以模仿，如有可能，则努力赶上。这对你进入下议院后，在与人磋商、交谈时，是真正有用的。

在通常被称为“小事”的事情当中，你尚未引起注意的一件事就是书法。你写的字可真寒碜，既不像出自一位企业家之手，也不像出自一位绅士之手，而像是一个懒惰的小学生。因此，你应尽快请诺莱神父为你物色一位优秀的书法教师，让教师教会你写出一笔优雅的、字迹清晰的、流畅的好字，并应有较快的速度。要是我是阿尔比马尔勋爵，我是不会让一个写字像你现在那样的青年留在身边工作的。写字时，从手到臂，都要转动自如。手臂的动作对一个男人的气派十分重要。尤其是跳舞时，双臂动作比双脚重要得多。男子腰部以上的动作得当，戴帽得当，转头得当，他必定舞跳得好。女士们有没有说你的衣着入时？ 这对年轻男子是必不可少的。

大约再过两个星期或三个星期，你就将在巴黎见到查尔斯·霍瑟姆爵士，他只是路过巴黎，将去图卢兹住上一两年。对他务必执礼甚恭，但不必引他进入社交圈内，除了带他去见阿尔比马尔勋爵。因他在巴黎至多停留一周，我们极不欲让他尝到放荡的生活。你可以带他去观剧或听歌剧。

名言佳句英汉对照

Manner is all, in everything : it is by manner only that you can please, and consequently rise.

仪态是一切，各种场合莫不如此。只有靠仪态，你才能获得众人的欢心，从而步步高升。

（十一）娱乐消遣也大有学问

1751年3月25日（旧辑），伦敦

你现在的人生阶段应该是多么的快乐。寻找乐趣是你当前分内之事。当你还年轻的时候，工作中遇到的不愉快的事，无非是那些枯燥的规则与难记的字句。当你长大之后，与办理公务无法分离的焦虑、烦恼、失望等情绪将占据你的大部分时间与精力。届时，自寻乐趣将激励你去努力工作，工作成果又反

过来增加你的快乐。但是，至少，你的时间与精力必定会分散。而现在，你的时间与精力都归你自己支配，作为一位绅士，应当很好地利用时间来寻找乐趣。“世界”是你目前所需要的唯一课本，几乎可说是你应阅读的唯一课本。这本重要的“书”，应在与朋友交往中读懂，在公众场合中读懂，在饭桌上读懂，在“ruelles”（法语，指十七世纪贵妇人的内室沙龙）中读懂。你必须以高高兴兴的心态去学习社交礼仪。在公务来往中，人们只会隐藏（至少是力图隐藏）自己的个性；而娱乐消遣时会显现出真实的性格，因相互理解而使真心暴露。有本事的谈判者常常抓住这样的时机加以利用。尤其在你所向往的事业中，善于寻找乐趣具有无限用处。在饭桌上解决问题是一名外交大臣绝对需要掌握的本领。

谈吐风雅，对一位外交大臣来说往往极有帮助。在大多数宫廷中，女人总是直接或间接地具有很大的说话分量。已故的斯特拉福德勋爵曾在很长一个阶段内主宰着柏林的宫廷，他因同普鲁士第一位国王的情人沃腾堡夫人相处甚好而使自己大大获益。我可以举出许多类似例子。这种通过关系取得好处的做法是可取的。让别的教科书去说三道四好啦，人情世故这部伟大的、重要的教科书是你所应必读的。不要待在家里，要走出去，你将发现：这部书不在书店的书架上，而在各国的宫廷之中、在各间大旅店之中、在娱乐活动之中、在舞会之中、在各种集会以及演出之中，等等。你应以轻松自如然而又彬彬有礼、亲密无间的姿态经常出入几家你已获引见的法国巨宅，尽可能多交朋友，仔细观察他们是如何区别亲疏的，是如何痛恨繁文缛节的，如何在各种乐事中摆脱事业上的烦心之处的。只有在宫廷中历练才能教会一个人八面玲珑，没有这种本事就无法在宫廷中立足。我高兴地听说，阿尔比马尔勋爵已把你托付给德比西先生。这是件好事。请求他们让你跟随他们在巴黎与凡尔赛宫周旋。至少会有其中的某个人带你去见瓦利奥雷斯夫人。你未来的职业有它的特殊性，即通过社交来笼络人，来增进交情。世界上的大千学问之中，唯有彬彬有礼与谈吐不俗是绝对必需的学问。一位精通法律的律师，一位深知自己神圣职责的牧师，一位善于计算的金融家，都可以成为出众的人物并广有财富；但是，一个不懂世事的人成不了风度翩翩的绅士。而你的职业迫使你除了了解宫廷、了解各种乐事之外，还要懂得谋划，能识破阴谋[①]。在这扑朔迷离、迷宫似的宫廷中，懂得世事、洞悉人物、机敏灵活、从容不迫，便是你走出迷宫的诀窍。你必须懂得如何去讨好、哄骗那些守卫迷宫的猛兽，如何去寻找并获得那里珍藏的宝贝——金羊毛。这些正是一位外交大使所必须具备的才华与技能。在这方面，我们英国自愧不如外国。法国的外交大使在欧洲其他国家的宫廷中，比我们英国的外交大使强得多。一位英国外交大使在某个国家住上七年，一个朋友都未交上，或者未同任何一座宅邸建立起亲密关系。他自认为是英国的外交大使，坚决不受异国的同化。他从政府收到命令，要求他觐见驻在国的国君，觐见完毕，他给朝廷写了一份报告，他的任务就完成了。与之相反，一位法国外交大使，来到某个国家不足一个半月，便献了许多小殷勤，在某种程度上获得了王子、王妃、王子的情人、王子身边得宠的人与朝臣们的欢心。他周旋于十多座最有名望的宅邸之间，熟门熟路，人们不但同他轻松相处，而且视为知己，不加戒备。他在那些宅邸里如同在自己的家中，那些宅邸的主人也把他视作家人。通过这些手段，他了解了宫廷的内幕，凭他对那些人物的性格、脾气、才能以及缺点的了解，他自己就能作出一些预言。法国红衣主教奥萨特在罗马被认为是意大利人而不是法国人。阿瓦克斯先生无论去到何处，人们都不觉得他是外国的外交大使，而误以为是当地人，因此，很容易同他交上朋友。仅仅靠真知灼见与知识丰富，到外国宫廷活动是不够的，还需要才华与装饰性的东西来帮助。你必须设法让对方有个好心情，必须以坦诚来获得对方的信任。更重要的是，你必须赢得对方的心，使对方在不知不觉中对你产生好感。

① 原文 Cabal，意指阴谋小集团，密谋。英国国王查理二世时期，有五位大臣结成小集团。此五人姓氏的首字母顺序组成 CABAL。——译注

一生的忠告

威尔士亲王[1]逝世的消息，受到广泛关注，众人忧心忡忡。他因和蔼可亲受到国民的拥戴。乔治王子同国王年龄相差很大，说明子嗣不蕃，这对任何国家来说都是缺憾。大家希望——很可能做到——国王已病愈如初，可以活到孙儿长大成人。这位小王子温文尔雅，极有见识，前途无量。这使得国内许多人钻研历史，钻研政治。翻阅我国的历史，可发现自从征服者威廉以来，有六个王朝都有子嗣不蕃的情况，即：亨利三世、爱德华三世、理查二世、亨利六世、爱德华五世、爱德华六世。你可以想象，对这种状况会有多少分析、猜测、推测与预计，必然是数量极多、无休无止的，因为英国是这样一个国家：每一个看门人都是一位绝顶聪明的政治家。斯威夫特博士非常幽默地说："每一个人都认为自己懂得宗教、懂得政治，尽管他们从未学过；但许多人意识到他们不懂其他科学，因为他们从未学习过。"再见。

名言佳句英汉对照

The world is now the only book you want, and almost the only one you ought to read : that necessary book can only be read in company, in public places, at meals, and in "ruelles".

"世界"是你目前所需要的唯一课本，几乎可说是你应阅读的唯一课本。这本重要的"书"只能在与朋友交往中读懂，在公众场合读懂，在饭桌上读懂，在贵妇人的内室沙龙中读懂。

① the Prince of Wales，威尔士亲王，是英国储君的称号。——译注

（十二）给人恩惠也要得当

1751 年 4 月 7 日（旧辑），伦敦

袖珍书籍、罗盘仪、美术图案，想必你均已收到。当你的美惠三女神作出了选择，你只需在信中附上三小块她们看中的马海毛样品。如果我无法安全地直接寄到巴黎她们的宅邸，我将设法寄到加来，请蒙孔赛尔夫人的代理人博雷尔夫人转送给三位女士，这三位女士都是你的朋友蒙孔赛尔夫人圈子里的人。我听说，三位女神中，有两位长得很俊美；我敢肯定波利尼亚克夫人不在其内。不过，正如世上一切事物，三中有二就不错了。

你将在包裹中发现一只罗盘仪，上面嵌有小钻石。我建议你把它作为礼物送给瓜斯科神父，他对你有很大帮助。这只是个花哨的小玩意儿，因此，你必须恭恭敬敬地送给他，才能增加它的价值。首先拿给他看，很可能他会向你解释起它的用途，这时你再说："您喜欢就留下，我正是要送给您的。"所有这些小恩小惠能否打动人心都决定于你是否有诚恳的态度。给人家大恩惠，也许因你举措失当而反把人得罪；给人家不怎么想要的东西，也许因你态度诚恳，对方会愉快地接受甚至表示感激。应努力获取其中的奥秘，这是现实存在的；这比起现实中不存在的炼金术秘密要重要得多。这种奥秘只能在宫廷中学到。宫廷里充满着钩心斗角、恩恩怨怨，只靠礼貌与风度加以约束，才维护住皇家的门面。应当常去宫廷，进行观察，加深认识。你常去凡尔赛宫吗？必须使你自己热衷于出入那些地方。我的老朋友拉瓦伊神父过些时候会来帮助你。你的美惠三女神也可以给你帮助。城市教养同宫廷教养是完全不同的，毫无疑问，宫廷教养对你是必要的。我希望，你在法国的两年时间内，把自己培养成一位年轻的朝臣。只要你学会了谈吐文雅，随机应变，你就有了飞黄腾达的机会。只要方法得当，优秀的年轻人就不难受人钟爱，这样的钟爱即使不能持久，也足以温暖人心，这种时刻的到来，必须紧紧抓住，加以利用。不要把我对你讲的这些话说给旁人听，要学会保守住秘密，这可是一般人难以做到的。

如果你在诺莱神父那里学完了实验哲学，我希望你去找萨利埃神父学习天文学与几何学，大概六个月就可以了。我只希望你清楚了解行星系统，以及有关宇宙的学术观点的历史演变。至于几何学，阅读欧几里得所著的前七卷对你来说也就足够了。对这些深奥难懂的科学应当知道一些概况，以便在与友人交谈，涉及这些话题时不至于茫然无知。但想深入研究便要耗费大量时间，也会使大脑负担过重。我再次提醒你，你现在要学习的主课，应是“世界”。有一句法国谚语，译成英文是这样的:“白天翻转去是男人，夜晚翻转去是女人。”我指的是从哲理的角度去理解。

关于我建议修改历法的议案，在巴黎有什么反响？尽管国内一片赞同声，但我要确切地告诉你，人们主要是赞赏我的演说，并非我演说的内容。上次信上我已说过，我对历法并不在行。我再次提出此事，是想让你了解到遣词造句与演说技巧的重要性。其实，麦克利菲尔德勋爵的演说比我强千倍。他的演说将很快结集出版，我将寄给你。它有很强的指导作用。你说，你的演说只要能及我一半就行。如果你像我在你的年纪时在这件事情上下同样的功夫，并且此后仍继续努力下去，你一定会同我一样出色。我指的是：用词准确，行文洁净，段落谐调，风格优雅，音调铿锵。要再三阅读西塞罗的演说集，特别留意演说的修饰部分。要把这些技巧学到手，成为习惯，绝不要说一般人所说的平庸的话。要选用最佳的词句，用最佳的风格说出来，再加上优雅的上流社会的仪态，就是你最需要的两件东西。幸运的是，二者你都具备，但愿你更加完美。

名言佳句英汉对照

The greatest favors may be done so awkwardly and bunglingly as to offend; and disagreeable things may be done so agreeably as almost to oblige.

给人家大恩惠，也许因你举措失当而反把人得罪；给人家不怎么想要的东西，也许因你态度诚恳，对方会愉快地接受，甚至表示感激。

（十三）挑剔是为了改进

1751 年 5 月 6 日（旧辑），伦敦

优秀的作家总是自己作品最严格的批评者，他们不断加以修改、纠正、修饰，直到自己满意为止。我把你看作是我的作品，我不认为自己是个蹩脚的作家，并且可以说是个严格的批评家。我十分仔细地挑剔最细微的不准确处与不优美处，以便改正它们，而不是暴露它们，我相信，最终，作品将达到完美。我知道，自从你到达巴黎以来，在气派、谈吐、风度方面已有很大改进，但我相信，仍有改善的余地。最近，我接到你在巴黎的一个朋友的来信，其中有这样的段落："我荣幸地告诉您，绝无奉承之意：斯坦厄普先生的成功远远超过了他的同龄人。他同非常优秀的群体来往。他的风度，原来让人感到过于僵硬了一些，但现在人们的看法不同了，大家认识到他的确十分坦诚、彬彬有礼，并有适度的自重。他学习如何去结欢于人，他成功了。杜·皮瑟夫人有一天以十分友好与满意的口吻谈到他。您对他的各个方面都会满意的。"这就太好了，我很高兴，但愿今后听到对你更多的赞扬。

我已跟你讲过多次，人们通常是以貌取人而不看真才实学。至于提出某

项主张或意见，最好是外柔内刚，而绝不要反过来。很少有人有足够的关心、足够的决心、足够的毅力，去查看外表下面的内涵，他们只看看表面现象，便不再深入。他们把外表看上去使人高兴的人，看作是世界上最高尚、最优秀的人，即使也许只在某个群体中见过一次。一个具有一定才华与知识的人，很容易受到社会接纳，会满足于此而洋洋自得，这在年轻人中屡见不鲜。等他们逐渐聪明起来，已为时过晚，愧恨于长时期未能察觉自己的浅薄，往往最终成为了一个蠢人。因此，不要让你自己的外表迷惑了你自己，也不能受别人迷惑。我知道，你的心是善良的，你的见识是精湛的，你的知识是丰富的。其余还需要些什么？没有什么了，只需要让令人喜欢的风度、温柔、优雅来使你那些根本性的素质生色增辉。

名言佳句英汉对照

Happy the man, who, with a certain fund of parts and knowledge, gets acquainted with the world early enough to make it his bubble, at an age when most people are the bubbles of the world! for that is the common case of youth. They grow wiser when it is too late; and, ashamed and vexed at having be bubbles so long, too often turn knaves at last.

一个具有一定才华与知识的人，很容易受到社会接纳，会满足于此而洋洋自得，这在年轻人中屡见不鲜。等他们逐渐聪明起来，已为时过晚，愧恨于长时期不察觉自己的浅薄，往往最终成为一个蠢人。

（十四）书本知识要由实践来检验

1751年6月6日（旧辑），格林尼治

我始终怀着渴望与焦虑的心情，致力于培育你心智的发展与风度的修养，将你带到我们天资所允许达到的近乎完美的境地。在我们的通信中，我已竭尽所能，绞尽脑汁，甚至东挪西借，只要对你有所帮助，我无不苦心规劝。如今，你已到达这样的年龄，足以回顾、反思你所听闻的一切、阅读的一切，以形成你自己今后一生所应有的性格、行为与风度，自然，还会有更多的知识帮助你改善、获益。从这一角度，我要向你推荐一些书籍，务请仔细阅读，认真思索，并与现实情况进行对照。

例如，你早晨朗读罗什富科的格言，就要仔细领会，反复斟酌，并在晚上拿来同你所见的人物相对照。上午阅读布吕耶尔的书，到晚上看看与他所描绘的图画是否相符。向别人的心智学习，塑造你自己的心智。以沉思与内省作为基础，但必须由、也只能由实践来使之完善。书本，自然能指导智力的开发，情操的熏陶与感情的培养；但是，没有随后的实践 、经历与检验，书本的知识是无用的，甚至会引导你误入歧途，就像单凭一张示意性的地图不可能找到省份与城镇的准确位置。一个人如果只靠书房内一张世界地图外出旅行，必然收获甚少。除了上述两本书，我还希望你仔细阅读《兰伯特侯爵夫人家训》。侯爵夫人是一位洞悉世事的聪明人，急切盼望儿子成龙，在教育后代方面，比任何人都更得法。这本书很薄，占用不了你多少时间去阅读，但读后却要下很大功夫细细咀嚼。她的儿子在军队服役，她盼望儿子在军界高升。她懂得，要想高升，首先必须受到上司的喜爱。我可以断言，至少在宫廷，在军中，确实都是如此，也许军中更突出。在你的学问与见识之外，加上取悦于人的艺术，你很可能到时候就会成为一位国务大臣；但是，记住我的话：即使你有两倍的学问与见识，而缺乏取悦于人的本领，那么，你至多在汉堡或雷根斯堡的驻外公使馆谋一个无足轻重的职位。我无需再说，因我已说过多次，你自己的洞察力也会告诉你，无数的细枝末节组合成为取悦于人的艺术，个别疏忽就可能导致全盘皆输。其中，最主要的一个组成部分无疑便是“La douceur dans le manieres”（法文：惬意来自仪容），除非同比你优秀的人物密切往来才能做到这点。兰伯特夫人告诉她儿子：务必与高出于你的人为伍，方可使你养成尊重与礼貌的习惯。与你同等的人为伍，你只会变得随随便便，思想懒惰。同时，她也建议她儿子同优秀人物来往时应深入了解他们内在的品质，要想正确地判断一个人，必须与他亲密相处，这样才可以拉开帷幕，见到真相。这话说得多好！ 也正因如此，我常常建议你只要有可能就去与同高出于你的家庭建立联系，常来常往，如此方可了解到他们日常的为人、风度与习惯等。必须见到光裸的人才真正知道他的形体，而当他穿上衣服出了家门，服装便可掩盖他身体的缺陷，至少掩饰了缺陷，正如扣得紧紧的假发掩盖了勃艮第公爵的驼背。毫无缺陷可掩盖的人真幸运，可惜这种人太少。宫廷是了解人物最好的钥匙。在宫廷中，各式各样的人物把各自的性格发挥得淋漓尽致。取悦于人的伟大艺术也在宫廷中传授、实践、流行。它是宫廷中的第一要务，它是价值与才能的通报者，每前进一步都少它不得。

名言佳句英汉对照

Books, it is true, point out the operations of the mind, the sentiments of the heart, the influence of the passions; and so far they are of previous use : but without subsequent practice, experience, and observation, they are as ineffectual, and would even lead you into as many errors in fact, as a map would do, if you were to take your notions of the towns and provinces from their delineations in it.

书本，自然能指导智力的开发，情操的熏陶与感情的培养；但是，没有随后的实践、经历与检验，书本的知识是无用的，甚至会引导你误入歧途，就像单凭一张示意性的地图不可能找到省份与城镇的准确位置。

（十五）内心的轻松与外表的尊敬相结合

1751年6月13日（旧辑），格林尼治

如果你同一位国王交谈，你应当轻松自如、毫不拘谨，就如你在同你的贴身男仆谈话。然而，每一个目光，每一个词句，每一个动作，都应显示出极端尊敬。同一般人交谈时可用有教养的适当态度，在尊者面前就应当更尊敬些，对国王就应当更尊敬得多了。你必须等待国王问到你，方可答话，不能自出话题。你在回答时必须注意不得用词不当。如有可能，谈话应含有奉承的意思，如可提到国王的某些美德是其他王侯所无法企及的。同大臣们、将军们谈话，也要注意这些问题，凡是对方不愿提及的话题，应予回避。在同国王、大臣、将军谈话时，双臂在胸前交叉，玩弄鼻烟壶，搔头皮等动作，都是极端愚蠢的，将被认为毫无教养可言。在这种场合，最大的难题（但只要注意形成习惯也不难做到的是）：要把内心的轻松与外表的尊敬结合起来。

与同等地位的人来往，可以更加轻松自如一些，但是，也要有适当的politesse（法文：礼数），对社会习惯应有必要的尊重。应当以谦和的态度展开话题，并须十分注意不得提到“某个吊死过人的家里的一根绳子”。说话的用词、手势、姿态，都必须有很大程度的回旋余地。与一般人交谈，你可以随你

所愿双手插在裤兜里，闻鼻烟，坐下，站起，或偶尔走动几步；但我相信你不至于把吹口哨、戴帽子、解鞋扣、斜倚在软椅里或躺在床上去，也认为是很合礼数的吧。这些动作在只有你一人独处时，自可随意为之，而在尊者面前便有失体统，在同辈人中会引起震惊，被认为是有意冒犯，在不如你的人群中也将被看作是野蛮行为、是对他们的肆意侮辱。谈吐举止轻松自如，自然受人欢迎，但这与失礼、大意截然不同，绝不是可以让人为所欲为——像一个乡巴佬或从未见过世面的人，而只是要人不僵硬、不拘谨、不局促、不窘迫、不羞涩。

另一个不大被人注意的重要礼数是：不加区别地在任何人面前肆意抒发你自己的情绪。例如，当你情绪高涨、兴致甚高的时候，你会不会在教廷大使、贵妇人与其他尊贵人物或心情沮丧的人面前唱歌？我相信你不会这么做。同时，我相信你也不会在情绪低落或确实悲伤的时候在兴高采烈的人们面前落泪失态吧。如果你无法控制住自己的情感，那么，可以去找那些情绪与你接近的人去谈谈。

高声狂笑也不合礼数，只能被看作是愚蠢。喧闹的嬉戏或其他“jeux de main”《法文：追逐打闹》，常有很严重的后果，有时甚至是致命的后果。跑来跑去，扭打搏斗，把什么东西扔到人家头上去，都是群氓的开心乐事，足以使一个上流人士贬损身份。

（十六）旅行勿学庸碌之辈

1751年6月20日（旧辑），格林尼治

很少有人，特别是年轻的旅游者，对旅行途中的所见所闻能有深切的理解。我认为，也有必要提醒你，至少没有害处。庸碌之辈（至少占全人类的四分之三）只想见到、听到以前来旅游过的庸碌之辈的所见、所闻，譬如，罗马的圣彼得大教堂、教皇、大弥撒；法国的巴黎圣母院、凡尔赛宫、法国国王、法国喜剧。一个有才华的人则与他们大不相同。他会对所见所闻的每一件事物深入了解，尤其对同他自己的职业或前途有关的事物，更加细心探索，寻根究底。你的前途是政治，因此，你须探询并观察有关政治方面的问题，如某些欧洲国家的政府的构成、法律、规章、关税、贸易、工业生产等。为获取此类知识，最好同有见地的人们交谈，胜似多读书，书本上有关这些方面的知识往往不完整。例如，法国同英国一样，都有所谓“现况”的便览手册，但缺陷很多，是由一些不熟悉情况的作者东抄西摘拼凑而成的；但也有一点用处，可以从中发现需深入探讨的题目。你用一个小时同一位有见识的委员会主席或“conseiller”（法文：顾问、参事）谈话，便可了解巴黎议会的真实情况，比所有的书籍更详细、更现实。虽然*Almanack Militaire*（法文：军事年鉴）值得一读，但同两三位军官谈一次话就会使你更详细地了解军队的规章制度。人们通常偏爱自己的职业，愿同人谈自己的专业，你越多问他，他越高兴。因此，当你向军方人士（各个群体中几乎都少不了他们）提问时，可以询问他们的训练、营房、服装，了解他们的工资、特殊待遇、阅兵式、宿营地等。对海军也可以同样询问，而且要问得更加仔细，了解得更加具体。法国海军总是同英国有极大关系。待你了解到重要情况后，要把它们详细地记录下来。

近三十年来，法国的商业与贸易有很大发展，在管理方法上十分高明，更不必说他们在东印度群岛与西印度群岛大获成功的贸易。法国大量出口蔗糖，几乎毁了我国殖民地的蔗糖出口，如牙买加、巴巴多斯、背风群岛等地。为此，你也应尽量了解这方面的情况 。

还要询问他们的宗教事务，目前，宫廷与教廷不和，使你有机可乘。要了解加立克教派（法国天主教）的特殊权力，这一教派主张限制教皇的权力。

（十七）好酒还需常春藤

1751年7月8日（旧辑），格林尼治

收到你7月3日写来的信，欣喜获悉你与约克上校相处得甚为融洽，达到了秘密通信的程度。你应尽可能经常拜访约克上校，同他保持联系，他对你会有很大用处。离开巴黎，他会替你转信、转包裹，他也会求你带信给他的父亲——国王的秘书。想到你就要回来一趟，我承认我简直要失去等待的耐心。原来计划你下月25日离开巴黎，现在看来，最好提前到下月20日（星期五），这样，你就可以在星期天到达加来，也许能在此后二十四小时内抵达多佛尔。[1]如果你上午登岸，可以坐驿递马车[2]当天到达锡廷蓬；如果傍晚登岸，你只能到达坎特伯雷，那么，最好在多佛尔舒舒服服地住一宿。我不愿意你在夜间旅行，也不愿意你一上岸就骑马奔跑八十英里，这使人十分疲劳。你直接到布莱克赫斯来，我在那里迎接你，我们将一道进城，等你休息一两天后，再去伦敦。你要在巴黎做好一切安排，准备好在英国逗留约六周。

前几天我接到亨廷顿勋爵来信，其中一半以上的篇幅都是赞扬你的话，这使我十分高兴。进一步发展同他的友谊，这一友谊将使你得到荣耀，得到力量。在我们的代议制政府中，人际关系有很大用处。

不要忘记给你母亲带些小礼品来，不需要价格昂贵的，只要代表你的心意，感谢这么一位经常挂念你的人就可以了。你可以带给你母亲一只约值五个

① 加来在英法海峡（亦即多佛尔海峡）法国一边，多佛尔在英国一边。——译注

② 驿递马车，系18世纪和19世纪初期运载旅客及邮件的一种四轮车厢式马车，一般供2—4人乘坐。——译注

金路易[①]的马丁牌鼻烟盒。其他礼品都不需要，你我之间就无需以赠送礼品来取悦对方了。

我同阿尔比马尔勋爵谈到你，他说他各方面都很欣赏你，只除了一件事不行，他同别人常为此事以你打趣。我急切地询问他是件什么事，他哈哈大笑，告诉我说，就是穿衣的事，他说你太过于看轻衣装。尽管他是笑着说的，可是，我认为，这对你来说可不是一件一笑置之的事情。我想说的话也许会令你惊讶不已，不过，这话是很认真的，那就是，衣着的重要性超过你用30年时间钻研希腊文。要记住，现在，进入这个世界是你自己的事情了，你必须适应世俗的习惯与时尚，不管它们是对是错。某些书呆子也许对你说，有智慧、有学问，就无须再装饰，为了支持这种说法，也许还会引用一句谚语："好酒无需常春藤。"[②]可是，你现有的不多的涉世经验已经告诉你，那种谚语是靠不住的，相反，"好酒还需常春藤"才是真理。

名言佳句英汉对照

Some pedants may have told you that sound sense and learning stand in, need of no ornaments; and, to support that assertion, elegantly quote the vulgar proverb, that GOOD WINE NEEDS NO BUSH; but surely the little experience you have already had of the world must have convinced you that the contrary of that assertion is true.

某些书呆子也许对你说，有智慧、有学问，就无须再装饰，为了支持这种说法，也许还会引用一句谚语："好酒无需常春藤。"可是，你现有的不多的涉世经验已经告诉你，那种谚语是靠不住的，相反，"好酒还需常春藤"才是真理。

---

① 金路易，系法国古代硬币，价值二十法郎。——译注

② 谚语的原文是："GOOD WINE NEEDS NOT BUSH."按：bush即常春藤枝，旧时酒店门首插此藤枝，作为酒店的标记。我国也有类似的谚语："酒香不怕巷子深"——译注

（十八）为父的苦心

1751年7月15日（旧辑），格林尼治

这是我能在此地愉快见到你以前，给你写的最后一封信或倒数第二封信。在你我见面共度一段时光之前，还须有所准备。当国王们同大公们会见之前，两国的大臣都要商妥好：谁先谁后，谁坐什么样的扶手椅，谁坐右首，谁坐左首，等等，这样才能事先知道该如何行事。这样的安排确有必要，因为，他们通常相互妒忌或相互仇恨，最可确定的是互不信任。我们的会见就全然不同了。我们不需要这类事先安排，因为你知道我对你的关爱，我知道你对我的感情。因此，我的目的是让你在同我短期共同生活期间，由我来尽可能地多给你帮助，我希望你能更好地同我配合。为了有益于你的健康，你是否会从中得到乐趣，我不敢肯定。不过，我不会让你服催吐药与泻药的，因为我确信你不需要这些药。但是，为了使你逐渐恢复健康，你应预料到，我会给你准备不少药。我可以告诉你，我有不少“灵丹妙药”，除了你，我是不肯赠予他人的。不说隐喻了，总之，我要尽量把我以五十七年代价换来的经验传授给你。为达此目的，不断指摘、纠正、劝诫，将是必要的。不过，我向你保证，这些指摘、纠正、劝诫，将是温和的、友好的、暗示性的，绝不会使你在众人面前失面子，也不会让你在我面前感到不自在。我不会苛求一个十九岁的年轻人精通世事，懂得各种仪态与机敏，就是二十九岁的人也很少懂得。不过，我会尽可能多地告诉你，我确信你也会尽可能多地学好，只要时间允许。你可能有许多不完善的地方（你肯定会有，在你这样的年纪，谁会没有呢？），很少有人会给你指出来，有些问题除了我不会有人对你讲的。或许由于不感兴趣或不大注意，你的目光不如我尖锐。任何在仪态方面的疏忽或错误，最细微的拼音错误，任何着装与谈吐方面的不妥之处，都逃不过我的观察，绝不会不予纠正，轻易放过。世上两个最亲密的朋友，尽管能毫无顾虑地指出彼此的失误甚至彼此的罪行，但有可能不讲对方的某些小缺点与欠妥之处。而我们两人之间，应当是毫无保留的。一般来说，见到别家父母去世，已无父母的家庭很少有不幸的感觉；见到别家子女去世，没有子女的家庭很少有不幸的感觉。而你我的情形不同，我们之间的关系不会改变，相互之间的影响力也不会改变。我希望并相信，等你到了我的年纪，你会生活得既舒适又自豪，我保证，在你还年轻的时候，我会始终是你的支持者、关爱者、指导者。你可以毫无保留地相信我，我向你提出建议绝无个人的私利或隐含的妒忌。哈特先生也会这样做，但他尽管对你十分友好，也不会像我那样事无巨细地一一指点，并且，在某些方面他的判断也不如我，因为他毕竟没有像我那样经历过大世面。

我们之间交谈的一个主题应当是英语，讲英语不仅要求纯正，而且要求优美，你在这两方面都有很大缺陷。另一个话题是我国政府的体制，我相信，你在这方面的了解还不如对某些欧洲国家的了解。风度、仪态、举止、谈吐，仍是需要经常谈到的问题，再有我始终认为很重要的艺术——取悦于人的艺术。我将毫无保留地向你传授。服装问题也不应被忽略。这样，我们之间的话题就是多种多样，大有发展的空间了。

第六部分

1752 年

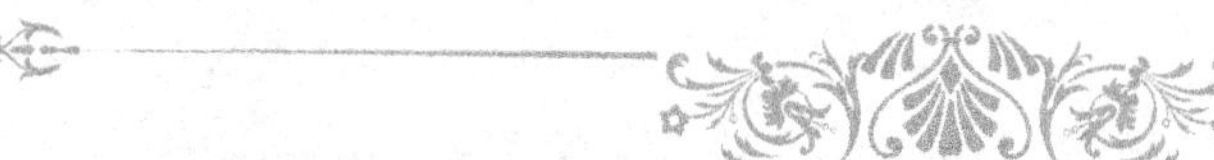

Laziness of mind, or inattention, are as great enemies to knowledge as incapacity; for, in truth, what difference is there between a man who will not, and a man who cannot be informed? This difference only, that the former is justly to be blamed, the latter to be pitied.

懒于思考与漫不经心，同天生愚蠢一样，是求知的大敌。的确如此，一个人不愿学同一个人不会学，有什么区别？区别仅在于：前者活该受到谴责，后者应受怜悯。

（一）懒惰是求知的大敌，学问来自勤问

1752 年 1 月 2 日（旧辑），伦敦

懒于思考与漫不经心，同天生愚蠢一样，是求知的大敌。的确如此，一个人不愿学同一个人不会学，有什么区别？区别仅在于：前者活该受到谴责，后者应受怜悯。然而，现在有很多有求知能力的人却因懒惰、不用心、不感兴趣而不肯用功上进。

我在外出旅行时遇到的年轻人，往往以自我标榜才疏学浅而洋洋自得。然而，在他们那样的年纪，要想获得有用的知识可以说是轻而易举：交谈便是书本——最好的书本。枯燥的语法学习阶段已经过去，通过交谈便能开花结果。有多少年轻人在罗马住了一年，在巴黎住了一年，仍不知罗马的“密室”、巴黎的议会是怎么回事。其实，只需向碰到的有关人士稍稍打听就可知其一二。

我希望，你比他们聪明，不致忽略任何询问的机会（这种机会每天都会不断涌现），以便熟悉法兰西王国政府的政治体制的特殊性。例如，当你听到有人提到“chancelier”（法文：宰相）或“Le Garde de Sceaux”（法文：掌玺大臣、司法部长）时，向人请教这两个职务（常常合而为一，目前则是分设）的地位、权力、管辖范围与利益，这会有什么困难吗？当你听到提及“gouverneur”（法文：总督）、“Lieutenant du Roi”（法文：陆军中尉）、“Commandant”（法文：司令）以及某个州的“intendant”（法文：总督），作为一个外乡人去问问他们的相关权力与特权难道不是很自然、很必要、很受欢迎的吗？然而，我敢说，只有很少的英国人了解“总督”管辖内政的权力与

军事首领的权力有何不同。当你听到（我敢说你一定会听到）每天都能碰上的“Vingtieme”（法文：二十分之一），那就是二十分之一，也就是百分之五，那正是法国的税制，土地、汇兑、商业都实行此税则。如果你对在一些书籍中读到的某些法律与习俗感到迷惑，务必追根穷源，彻底弄清。给你举个例子：你去观赏法国喜剧，会听到“Cri”（法文：叫卖声）或“Clameur de Haro”（法文：叫喊声），你要是问那是什么意思，人家会回答你，这是诺曼底的一个法律名词，意思是：传唤、传讯、逮捕，或迫使某人上法庭受审，也许是民事诉讼也许是刑事诉讼；此词的来源系由“a Raoul”而来，Raoul（拉乌尔）是古代诺曼底大公的姓名，以执法公正闻名，这样，在发生执法不公正现象时，人们就叫喊：“a Raoul, a Raoul”（“要拉乌尔，要拉乌尔！”）后来，“拉乌尔”这个词讹传为“Haro”（法文发音为：阿罗）。

我不是说你该去当一名法国律师，不过我还是希望你了解法国法律中涉及日常事务的立法原则。譬如说，一个地主去世，他留下来的土地是全部归属于长子还是由数个子女均分？在英国，是全部归属于长子——法律上的继承人，除非死者生前留有遗嘱。但肯特郡例外，该郡有一个特殊习俗，名叫“Gavelkind”，据此，如死者生前未立遗嘱，其子女可均分其土地。在德国，正如你所知道的，采邑（封地、世袭土地）或祖传土地是不在子女中均分的，否则便会毁了那些家族；土地是由男性继承人全部继承下来，不可分割，这样才能保持住家族。在法国，我相信，不同的州也有不同的继承法。

婚姻财产问题也值得了解。在英国，通常的做法是：丈夫拿走妻子的全部财产，只给妻子留适当的“pin-money”（私房钱、零花钱），就是说，丈夫在世时，每年给妻子一份“年金”，丈夫去世后，妻子得到一份“寡妇授予产”（即结婚时丈夫指定于其死后给予妻子的财产）。法国的做法与英国不同，巴黎尤为特殊，有一个“La communaute des biens”（法文：夫妻共有财产制）。巴黎任何已婚妇女（如果你认识一位的话）都会告诉你有关的细节。

对于一个有见识、追求事业的人来说，弄清这些事情以及类似的事情是很有用、很合理的。这些学问，从浩如烟海的旧书堆中是找不出来的。在我年轻的时候，对这些问题未加留意，至今仍后悔不已。希望你不再步我的后尘，避免此类后悔。向人提问，多多提问，直到彻底了解，不留空白。如此勤问绝不会被看作是无教养或找麻烦；相反，恰恰是对人们有丰富知识的一种巧妙的赞扬，人们见到这个年轻人如此勤问，也会对他产生一个好印象。

谢谢你准备寄给我《索邦大学博士论文集》。但务请你首先细读一遍，并弄清索邦是谁创建的，为了什么目的建立的。

名言佳句英汉对照

Laziness of mind, or inattention, are as great enemies to knowledge as incapacity; for, in truth, what difference is there between a man who will not, and a man who cannot be informed? This difference only, that the former is justly to be blamed, the latter to be pitied.

懒于思考与漫不经心，同天生愚蠢一样，是求知的大敌。的确如此，一个人不愿学同一个人不会学，有什么区别？区别仅在于：前者活该受到谴责，后者应受怜悯。

Ask questions, and many questions; and leave nothing till you are thoroughly informed of it. Such pertinent questions are far from being ill bred or troublesome to those of whom you ask them; on the contrary, they are a tacit compliment to their knowledge; and people have a better opinion of a young man, when they see him desirous to be informed.

向人提问，多多提问，直到彻底了解，不留空白。如此勤问绝不会被看作是无教养或找麻烦；相反，恰恰是对人们有丰富知识的一种巧妙的赞扬，人们见到这个年轻人如此勤问，也会对他产生一个好印象。

（二）法国的悲剧、喜剧与歌剧

1752年1月23日（旧辑）

你看了德·格拉弗子爵新写的悲剧《瓦隆》了么？这是目前巴黎的一个热门话题。你认为此剧如何？希望你能告诉我，我很想听听你的意见。我听说剧中情节的安排还是比较妥帖的，意想不到的灾难令人震惊，但据说台词不怎么样。我估计巴黎的街头巷尾都在谈论此剧。众人评说纷纭。这样的谈论有利于提高人们的欣赏水平，刺激评论家的评判。英国人不如法国人健谈，英国妇女不如法国妇女有知识，此外，英国人天生较严肃，喜欢沉默寡言。

我真的希望法国剧院同英国剧院订立一个约定，双方都要作出妥协。英国剧院应放弃臭名昭著的“不顾大局”：将大屠杀、绞刑架、死尸、骷髅……都呈现在舞台上，这类场面屡见不鲜。法国剧院应多一些动作，少一些朗诵，也不要为了硬凑一个结局，把乱七八糟的事情凑到一起，几乎到了实在无此可能的地步。英国剧院应当约束诗人过于放肆；法国剧院应允许诗人自由发挥。经过这样的调整，观众也许既可以不致因听那些长篇独白而昏昏欲睡，也不至于因见到那些野蛮道具而心惊肉跳。在时间方面也应加以协调，整个事件偶尔可延长至三或四天，地点应在同一条街上或同一个城市，最好是二十四小时内在同一个房间里发生的事情。

依我看来，法国戏剧应多一些鲜明的思想与鲜活的形象，尽管，我承认，让一个英雄或一位公主用半个钟头的独白来大讲那些悲哀、恩爱、愤怒的事情，是不自然的，然而，他们必须这么演，否则就演不成一出悲剧。悲剧应当是合情合理的，但观众仍须有一点自我欺骗的思想准备。

悲剧必须高出生活，否则便不能感动观众。以自然状态来说，感情再强烈，也是默不作声的；而在悲剧中，角色必须把感情说出来，并须用一种体面的姿态来说。台词都写成了诗体，而不幸的是，法语不便于押韵。

喜剧就另当别论了。喜剧应当符合生活真实，不应夸大。每一个角色都应在台上说话，所说的话应合情合理，合乎当时当地的环境。为此，我不能容忍在喜剧中的说白押韵，除非是一个疯诗人在那里说疯话。

至于歌剧，我实在不敢恭维。我把歌剧看作是一场梦幻幕景，不管你听得懂听不懂，只是拿来骗得耳目的快感而已。在我看来，台上的唱歌、吟诗、英雄、美人、道学先生，就同山丘、树木、小鸟、野兽一样，开开心心地在一起跳村舞，无止无休地直到吹响奥菲士的里拉。我每次去看歌剧，就把见识与理智随同半个几尼留在了大门外，只把眼睛、耳朵带进大厅。

（三）一场关于“完美”的谈话

1752 年 2 月 20 日（旧辑），伦敦

不论什么体系，宗教也好，政府也好，道德也好，“完美”是一个经常被提到的目标，尽管也许永远也达不到，至少截至目前还无人达到。然而，那些以此为目标去努力追求的人，总比那些绝望、玩忽、懒散、放弃进步机会的人，将更接近“完美”。在人们的日常生活中也一样：以追求完美为目标的人，比起那些只知依赖不知奋斗的人更接近完美得多，那些人往往对自己说：“没有人能做到完美，完美是达不到的，想要完美只能是幻想；我做得不比别人差，我为什么要费力气去做那些做不到的事情？”

我十分确信我无须向你指出这种想法（如果也配称作“想法”的话）的谬误。这种想法，将使我们放弃努力，停止前进。相反，一个有见识、有精神的人会鼓励自己：尽管完美的顶点可能达不到（考虑到人的天生缺陷），但是，我仍要关注、仍要努力，尽可能地接近完美。我将每日前进一步，最后终将到达，至少，我有自信，不会相隔很远。许多人在谈到你的时候对我说：“什么！你想要他完美？”我回答他们：“为什么不呢？这对他、对我，又有什么坏处呢？”他们说：“噢，可是那是不可能的。”我回答说：“这我倒不能肯定，完美是个抽象的词，我也承认无法做到绝对的完美，但是，通常大家所说的做个完美的人，我认为是可以做到的，不仅如此，每个人都有能力做到。”他们接着说：“他有一个聪明的脑袋，他有一颗善良的心，他积累了丰富的知识，每天还会增长新的知识，你还要求他怎样呢？”我说：“我希望他各个方面增辉生色，更趋完美，这对他的脑袋、他的心灵、他的知识有什么坏处呢？让他具有最优雅的仪容、最高雅的气派、最得体的举止谈吐，又有什么坏处呢？”他们说：“可是，像他现在的为人，认识他的人都喜欢他，还要怎样呢？”我说：“听到这样的话很高兴，可是我要让他在人们还不认识他的时候就喜欢他，在认识他之后更爱他。我要让他一张口、一说话，人们就想认识他、就打算喜爱他。”他们说：“你可是太过精心、太过要强了，何必把那么大的精力花在效果很小的事情上。”我反驳说：“你们不大了解人的本性，才把那些品质看作是小事情。宁可他在文法上、在历史知识上、在哲学等问题上出一点错误，我也不愿他在举止谈吐上出一点毛病。”他们说：“可是，要考虑到，他还很年轻，到时候，那些品质都会好起来的。”我说：“但愿如此，不过，这些品质必须在他年轻时学好，否则一辈子也好不了。”他们说：“得啦，得啦！放心好啦！他一定会学得很好的，你一定会有足够的理由为他自豪的。”我说：“我希望、我相信他会学好，但我想让他更好。我的确很喜欢他，我愿他更好，更值得我为他骄傲。我希望他既有分量，又有光泽。你们知道有人能把这些才能都结合起来吗？是的，我知道有这样的人——博林布罗克勋爵正是这样的人：他既彬彬有礼，具有朝臣所应有的高雅仪态，又有丰富的学识，是一位纯正的政治家。我希望我的儿子以他为榜样。”

跟你说实话吧，以上的争论是实实在在的事情，是昨天哈维夫人同我谈到你的时候发生的，我几乎原字原句地写下来了。希望你在得出结论以后切实付诸实践。

我从报纸上获悉，巴黎的议会未支持医院的资金补助。国王对红衣主教已不抱希望，他把医院置于大法院的管理与指导之下。你应趁此对法国“Grand Conseil”（法文：大法院）的体制加以研究。你应去了解它的人员组成，它的裁判管辖范围，是否允许上诉，以及其他细节。法国还另有三座或四座法院，应了解它们的体制与管辖对象。我敢说，你对它们已有所了解；如果还未了解，应不失时机抓紧了解。正如我已对你讲了多次的那样，这类事情最好去找法国的团体询问，找英国人谈是不会有结果的。

你在巴黎逗留的日子不多了，要很好地利用时间，如果可能，就不要再虚度一个小时。要广交朋友，尽量充实你的知识，甚至可以等到了其他地方也能回答有关法国的许多问题。

名言佳句英汉对照

In all systems whatever, whether of religion, government, morals, etc., perfection is the object always proposed, though possibly unattainable; hitherto, at least, certainly unattained. However, those who aim carefully at the mark itself, will unquestionably come nearer it, than those who from despair, negligence, or indolence, leave to chance the work of skill.

不论什么体系，宗教也好，政府也好，道德也好，“完美”是一个经常提到的目标，尽管也许永远也达不到，至少，截至目前，还无人达到。然而，那些以此为目标去努力追求的人，总比那些绝望、玩忽、懒散、放弃进步机会的人，无疑将更接近“完美”。

（四）应读经典作品的原著

1752年3月2日（旧辑），伦敦

我亲爱的朋友，阿里奥斯托你读到哪里了？或者说，你有没有读完那些真实与谎言最巧妙的结合，那些骑士、侠客、魔术师等既严肃又夸张的传奇？我不敢肯定荷马是否是虚构大师，他远远超过了阿里奥斯托。没有比对阿尔喀诺俄斯这个人物与他的宫殿的描写更吸引人、更能满足感官的了。还有什么比到月宫中去寻找奥兰多失去的智慧更夸张到如此巧妙的了？所有这些都值得你关注，不仅诗写得美，而且它们是许多现代的故事、小说、寓言、浪漫作品的源泉。例如奥维德的《变形记》就是一部优秀的古典作品。此外，如果你能读懂这部作品，掌握意大利文就不是什么难事了。你再读读塔索的《耶路撒冷》和薄伽丘的《十日谈》，此后会大有好处。依我看来，若你能读这三位作家的作品，你就会读懂所有值得一读的意大利文学作品，尽管意大利人听我这么说，会火冒三丈的。

一位绅士应能阅读一些古典著作的原著，例如：法国的布瓦洛、高乃依、拉辛、莫里哀等；英国的弥尔顿、德莱顿、蒲柏、斯威夫特等；意大利则有上述那几位作家；德国作家你想到了谁？我不敢确定，事实上，我自己也不大清楚。此类作品有益于启迪心智与想象力，也是优秀群体中常常谈到的话题。

在你的全部教育中，我绝不认为学会几种语言是无足轻重的事。你不能相信译本，你应去读原著。这样你就可以轻松自如地用外语同外国人交谈了。在事业，往往用对了词句就会产生力量，带来好处。在交谈时，用词是否恰当，效果更是有显著不同。你现在已学会了四种语言，我希望你学得更正确、更准确、更优雅。

（五）学问的重中之重

1752 年 3 月 16 日（旧辑），伦敦

所有学习之中最重要最有用的是学习世界，你在这方面的进展如何？你觉得已获得若干知识了么？你的日常经历是否会立刻增长你对世界的了解？你也许会问我，自己如何来判断、了解世事的多或少。我可以告诉你一个切实可行的办法。你可以检测一下：两年前你对世事的看法，现在有无改变？这是有无进步的可靠标志。我自己在年轻时，常常得出错误的观点，以为只要有雄心壮志，任何事情都可以办得成；以为技艺是无用的；以为谦恭与随机应变是优柔寡断与懦弱的表现。这种误解将导致不策略、不得体、不文雅。人不会一辈子受骗的，但凡有一点生活经验，并加以思考，便不难醒悟。当他们对自己有了认识之后，会发现最朴素的理智能使他们摆脱心灵与感情的桎梏，于是，他们自己就成了征服者而不再是被征服者。你是否发现：各种各样的谄媚都可以征服一个女人，而这一种或那一种谄媚也可以征服一个男人？你是否发现：各种各样的小事情都会影响到一个人的心灵，而从整体来说，对心灵的提高仍然有益？如果你已发现这些道理，那么，你已有了进步。一个人只需略懂世事便能认出神采飞扬、光芒四射的大人物，不过，那样的人物是很少的，他们本身就能放出光芒；可是，要区分开几乎肉眼看不清的阴影，区别从

德行到恶行的微妙差异，从聪明到愚蠢的微妙差异，从坚强到软弱的微妙差异（这些不同性格通常都是组合在一起的），那就要求拥有扎实的经验、大量的观察与仔细的思考。在同一类人中，大多数人都在做同样的事情，但由于每个人的本质不同，便有成功与不成功的不同结果。熟谙世事的人知道选择适当的时间、适当的地点，他能分析出他诉求的人物的性格，调整自己的举止谈吐以便适应对方。但是，那种只有普通常识的人，做事情往往一厢情愿、一意孤行，不考虑别人的想法，往往找错时间，找错地点，莽莽撞撞，不看路标，结果摔倒在地，满嘴啃泥。在平常的社交往来中，每一个有常识的人，总懂得一些基本的规矩——“待人接物 ABC”（礼节初阶）；如果他不打算得罪人，甚至还希望取悦于人；如果他有一定的优点，他就会被优秀的团体接纳或勉强接纳。但这是远远不够的。因为，尽管他受到接纳，但并未受到热切的邀请；尽管他并未得罪人，但也未受人喜爱。就像大国周围的一些中立的小国家，别人不惧怕它们也不去讨好它们，但是，说不定什么时候，便会受到大国的攻击，其实同利害冲突也并无关系。

学问来自读书，但更重要的学问——有关现实世界的知识，只能来自读“人”而不是读“书”，并且要研读各种各样的“版本”。各种语言文字中，有许多词汇通常被认为是同义字，其实，用心学习语言文字的人们知道，世上并不存在同义字，所谓的同义字之间都有一些微小的或明显的差别。人也一样，乍看起来都一样，其实没有两个人是完全相同的。要获得这方面的知识，只有深入到不同的群体中去，那是唯一的“学校”。

如果今年要选举罗马皇帝，你当然要观察整个选举过程。不过，选举活动中所有的外国人都会受到排斥，活动只允许某些国家的使节参与。我已为你找了一个好地方——英国派出的观礼大使的套房，这位大使将为此事前往法兰克福或其他举行选举活动的地方。这样，你不仅能见到选举活动，而且可以获得全部知识。这将是一场竞争，在一些选帝侯之间你争我夺，还有一些帝国的小国君主则将提出异议。如果这也算一场选举的话，依我看来，也只不过是对罗马帝国过去历史的一种回忆而已，拔出来的已不再是剑而是笔，流淌的已不再是鲜血而是墨水，用笔与墨水就足以应付这场争夺。

名言佳句英汉对照

A man who has studied the world knows when to time, and where to place them; he has analyzed the characters he applies to, and adapted his address and his arguments to them : but a man, of what is called plain good sense, who has only reasoned by himself, and not acted with mankind, mistimes, misplaces, runs precipitately and bluntly at the mark, and falls upon his nose in the way.

熟谙世事的人知道选择适当的时间、适当的地点，他能分析出他诉求的人的性格，调整自己的举止谈吐以便适应对方。但是，那些只有普通常识的人，做事情往往一厢情愿，一意孤行，不考虑别人的想法，往往找错时间、找错地点，莽莽撞撞，不看路标，结果摔倒在地，满嘴啃泥。

Learning is acquired by reading books; but the much more necessary learning, the knowledge of the world, is only to be acquired by reading men, and studying all the various editions of them.

学问来自读书，但更重要得多的学问——有关现实世界的知识，只能来自读“人”而不是读“书”，并且要研读各种各样的“版本”。

（六）伏尔泰的历史著作

1752年4月23日（旧辑），伦敦

此刻我正收到你19日（新辑）的来信，其中有几页资料谈到了有关（法国）国王同议会的争端。我将托亨廷顿勋爵将这几页资料带回给你，勋爵很快就会抵达巴黎。议会对国王表面温顺，实则严厉。议会十分尊敬地告诉国王：他们认为同意某某议案无异于犯罪，为此不能服从他的提议。这就有点我们所说的"革命"的味道。

伏尔泰从柏林寄给我他的著作《路易十四时代》，来得正是时候。博林布罗克勋爵刚刚教会我应如何去读历史，伏尔泰则告诉我应如何去书写历史。我感觉到，此书将广受批评。伏尔泰也必然会受到批评。读者喜爱的东西一旦受到攻击，各种偏见就都会暴露出来，而我们的偏见正如我们的情人——妻子说得再有理，我们也不屑一顾。这是一部引导人类正确理解历史的书，是一位有才华的作家写给有才华的读者阅读的。智力低下的人不会喜欢它，当然他们也读不懂它。头脑呆笨的人喜欢追求琐碎的、枯燥的细节，其他历史学家早已写过多遍。而伏尔泰告诉我的，正是我们需要知道的，其余的不需要。他的表达简明扼要，并给读者留有思考的余地。他的观点不受宗教、哲学、政治与民族偏见的影响。他远比我所知道的其他历史学家更真实、更公正。该说的，他情愿少说，不把话说满。他的著作使我对路易十四时代有了较好的了解，胜似其他无数的历史著作。现在，我已明白从前弄不明白的事情：路易十四出于虚荣心而非出于自己的知识，从各个方面鼓励国人，把许多工艺与科学引进法国。他开创了一个时代，让世人了解法国，使法国繁荣富强，在许多方面大大超过了奥古斯都时期。当时法国的发展是迅速的、伟大的，当然原本可以搞得更好。最令人惊讶的是：这位虚荣心很强、心胸开阔的伟大君主却任性地下令停止人们进一步开发心智，似乎在说："你们到此为止，不许再向前进步。"他有着对宗教信仰的偏执，对丧失权力的恐惧，在他统治时期，对信仰与权力这二者从不容许自由与理智的态度；这位空前的伟大天才从不怀疑国王的神圣权力，从不怀疑教会的一贯正确。众多的诗人、演说家、哲学家不顾自己的天生权力，欢呼他们身上的锁链，向这位君王盲目地表示忠诚。如今，在法国，情况倒过来了，理由很简单：幻想与虚构破灭了，消失了。

我将托亨廷顿勋爵给你捎去一册伏尔泰的书，我估计巴黎可能禁止印刷、出售。务请不止一次地细读此书，尤其是第二卷，该卷中对许多极有趣的事件有简明扼要地叙述，许多人谈论过这些事件但只有少数人真正明白。

（七）一个父亲的愿望

1752 年 5 月 27 日（旧辑），伦敦

我收到了一位友人的来信，对你赞赏有加，并说我教子有方。世上为人父的往往对儿子不够关心，他们只满足于送儿子进入收费低廉的学校，念到十八岁，再进大学念到二十岁，然后用一两年、两三年的时间送儿子去欧洲游历，最后等他回家来结婚生子，这就算有了交代了。即使少数做父亲的真正喜爱他们的儿子，也不知道该如何去做。有人在子女还小的时候百般宠爱，等子女长大成人后，又争吵不休，因为子女已被他们自己宠坏。有些父亲爱儿子实际上只是一种母爱，只关心儿子的身体是否健康、将来能否传宗接代，儿子过生日搞得很隆重，充满喜悦，见到儿子体格健壮起来就高兴异常。还有一些做父亲的，认为最要紧的是他有了继承人，即使儿子有弱点，有不完美之处，也无所谓。我希望、我相信，我对你的教育未犯上述错误。即使我有弱点，也不会歪曲它；即使需要极度节俭，也不会“饿死”它；即使应当十分严格，也不会使它畸变，我所要建立的基础是扎实而广泛的学问——你已做到；但是我知道，光有这一基础是不够的，还需要：外在的形象，受人欢迎的魅力。为此，我将你投入社会，完全由你自主行事，以增加阅历；而和你同样年纪的年轻人，大多都还在大学里啃书本，或被送到国外去受某些迂腐拙劣的苏格兰校长的束缚。我最初为你制订的教育计划，是要让你成为博学的人。需要我做的，我已尽我所能，现在剩下来的就靠你自己了。你不应使我失望，你很容易报答我。我给你这么多的压力全为了你自己的利益，我所盼望你对我的关爱的唯一回报，正是你自己的利益。

（八）从历次和约中探求历史事件的趣味与真实

1752年5月31日（旧辑），伦敦

考虑到你未来的事业，我建议你仔细阅读近代史上最重要时期的史书，全力投入这些领域的研究。如果你选择《明斯特条约》作为开头（我已向你建议过，这是最适当的开头），就不要让那些与此无关的书籍来干扰你，只需研读有关的可信的历史著作、信件、回忆录、谈判记录等，要在阅读过程中相互对照，辨别真伪。在这方面，博林布罗克勋爵比我讲得更好，对此你已有所了解。接下来的一个阶段，你应特别关注《比利牛斯条约》，此条约使法国的波旁王朝继承了西班牙的王位。从成百上千种叙述此一事件的书籍中，挑选两三种最可信的——尤其是一些来往信函，它们是说明谈判经过最权威的资料。然后就是《奈梅根和约》与《雷斯维克和约》，它们是《明斯特条约》的续篇。这两个和约有许许多多的已出版的可信的、原始的信函与资料。路易十四虽是胜者，却签订《雷斯维克条约》作出让步，这使许多不明就里的人们大为惊讶，其实，我认为，这同当时西班牙王国的情况及其国王查理二世的健康状况有关。《雷斯维克条约》签订不久，1702 年又起争端，尽管时间不长，规模却是很大，这段历史十分有趣。几乎每个星期都有大事发生。先是双方谈判，接下来是西班牙国王去世，发布了十分意外的遗嘱，路易十四欣然接受了这份遗嘱，恰恰破坏了不久前他所签订与修正的和约。腓力五世悄然来到西班牙，受到欢迎，西班牙承认他为国王，但此后，那些拥戴他的人们又废黜了他。我从这一事件悟出：在大变动时期，大人物的性格比他的审慎与政策更重要。路易十四为把一个波旁王室的王子送到西班牙当国王而骄傲非凡，却以牺牲法国的利益为代价。依据第二个和约，本来法国可以保有那不勒斯、西西里、洛林并使国力大大加强的。因此，我认为，路易十四愿意执行腓力的遗嘱而放弃和约，实在是欧洲的大幸。的确，他也许希望能影响他在西班牙的波旁后裔，他非常清楚，男人间的血缘关系是多么的微弱，而公主间的血缘关系就更弱了。通过哈拉奇伯爵的回忆录，以及拉斯托里斯的回忆录，早在衰弱多病的国王去世前，他对西班牙宫廷的变动已有先见之明；当时驻西班牙的法国大使阿尔古的书信集（我有可信的复制件，时间从 1698 年至 1701 年），已为我指明全部情况。我为你保存了此书。从这些信件看，奥地利王室对西班牙国王与王后的轻率态度，以及和约把所有西班牙人都激怒起来，是腓力留下那份遗嘱的真实的、唯一原因，这份遗嘱是完全有利于安茹公爵的。当时，广泛流传并得到大众认可的是，枢机主教波托卡里罗以及所有的大人物并未收受法国的贿赂，这也证实了伏尔泰的预想。此后，开启了一个新的舞台与一个新的世纪。路易十四的好运气拯救了他，直到马尔伯乐公爵与尤金亲王组织起一个同盟，拒绝他在格特鲁滕堡提出的和平条件，才迫使他改正错误。《乌得勒支条约》后来如何产生不利后果，你已在近来读到了。你不可能十分详细了解其中的细节。乌得勒支一系列条约是欧洲事务纷纷登场的最新鲜的源泉。许多重大变化由此发生，战争与和约交替出现，但历史的记录往往众说纷纭。兰伯蒂的史书（写到1715年），在事实、日期、原始材料方面有较翔实的记载。

我并不是说，要你把你的时间都用来深入研究这些历史。不，你应更有效地利用时间。我所再三叮咛的，可以总结成三条原则：第一，应读得少、想得多；第二，不读无用的书；第三，选择所读的书要围绕一个主题。用这样的方法，每天读半个小时，也是好事。人们不知道该如何利用时间；等他们明白过来为时已晚。我回想起年轻时候浪费的大量时间，至今后悔不已。

（九）如何成为一名谈判高手

1752年6月（旧辑），伦敦

极少有著名的谈判家以学问高深闻名于世。最有名的法国谈判高手们（我以为其他国家都还没有他们这么能干的人）都是军伍出身，例如：阿尔古先生、埃斯特拉德伯爵、尤克莱斯元帅等。已故的马尔伯乐公爵也是个谈判高手，他是位将军，读书甚少，但有极高的识人天赋。其中的道理，我以为不难知晓。一个学问高深的人，必定把绝大部分时间用来读书，而一个谈判高手必然要用大部分时间来知人、识人。一位出名的学者，把他从灰尘飞扬的书斋里拉出来，让他去做事，他只会按书本办事，以书本上的人物来看待活生生的人。他按照斯巴达与罗马的祖先们行事，以为世上的事都是一样的；其实开天辟地以来，从没有两件完完全全相同的事。一定程度的学识，是必要的，但是，如果不谙世事，不熟悉人物的不同性格、不同感情、不同习惯，就成不了谈判高手。军事将领很少学习书本知识，他们所受的教育不同，补足这种缺陷的是他们了解世界。他们从年轻时候就进入社会，了解各种各样的民族与人物，他们懂得首先要使人们喜欢他们，因此，十分注意修饰自己的仪态。其结果，你可以见到，将军们在宫廷中总是出人头地，并受到妇女的青睐。

一位外交官，每天并无大事待他处理，因此，他的谈判知识与谈判技术无从考验，但是，他每天必须做的，每一天中的每一个小时必须做的，是为他的事业做好准备，铺平道路，那也就是专心致志地去修饰他的仪容、气派，不仅进出一些高门大宅，而且要取得当地广大民众的信任；为此，他必须取得他们的欢心，不能让人感觉到他是个陌生人。一位高超的外交官很可能花上几个小时彬彬有礼、高贵优雅地出席舞会、晚宴，这些活动正如同他在办公室里绞尽脑汁起草条约草案一样，实际上都是在为他的君主圆满地完成某项使命。阿尔古元帅凭借他的名望、他的风度与气派，使西班牙人对法国由来已久的反感画上了句号。西班牙宫廷与大人物们非常喜欢这位元帅，经常出入他的府邸，这潜移默化地使西班牙人比较喜欢法国人而不是德国人了。埃斯特拉德伯爵也是凭借他的风度使法国同“联合行省共和国”（荷兰前身）建立了友好关系，当时荷兰的行政首脑德维特先生（议长）为伯爵介绍了不少朋友，解决了不少难题。这种才能当然并非来自书本，而是来自其他的学问，诸如：舞蹈、击剑、骑马、军事知识。

有一天，我同一个熟悉你、喜爱你的人讲到上述话题时，谈到了你。我表达了对你近乎焦渴的期待，希望你成为一位上流社会人士，希望你外在的美能得到修饰，至少相等于你内在的见识与学问。此时，对方插话道：“你不必多操心了，这是做不到的。你想使他拥有的优雅的风度与气魄，与他的性格不符，还是由他自己发展去吧。”一个人的本质，在旁人的关怀下也许会有稍许改变，但绝不会完全被迫改变。我在一定程度上否认这一原则，但我也承认，我们的本质在许多方面是不会改变的，同时我也确信，在某些方面经过努力是会改变与改进的。我曾多次谈到的外表的美，只要有决心，养成习惯，就会成功。我同他的争论持续了不短的时间，正如伏尔泰所说，英国人争论的结局总要以五十几尼为赌注来打赌。

（十）优良品质与不良品质

（无日期）

作为一位朝臣，应善于随机应变，这对你今后的事业非同小可，几乎起着决定性的作用。第一印象十分重要，如果你能在汉诺威树立一个良好形象，在英国就会有十分有利的影响。朝臣这个行业就像是鞋匠，谁最专心致志，谁的工作就能做得最好。唯一的困难是区分（我确信你有足够的见识去区分）正确、适当的品质与同它们十分接近的不良品质；因为完美同不完美之间只有一线之隔。例如，你应显出极好的教养，礼貌有加，但不应谨小慎微，在意繁文缛节。你应该恭敬待人，咸表赞同，但不应卑躬屈膝，讨好迎合。你必须坦诚而不轻率，掌握分寸而又不吝啬小气。你必须保持高贵尊严，而又绝无出身优越的虚骄之气。你必须在体面和可敬人士的圈子内显得高高兴兴，不要故作聪明，多愁善感，二十岁的年轻人也不应如此。你必须保守最重要的秘密，而又不能搞得神秘兮兮。你必须坚定甚至大胆，但又须让人觉得你看起来十分谦虚。

有了这些优良品质（顺便说说，这些你已完全掌握），我保证你能成功，不仅在汉诺威，在全欧洲的任何宫廷中都会成功。你在一个小宫廷开始做“学徒”，对此我并不感到遗憾，因为在较小的宫廷必须更加谨慎小心、更加处处警惕，而在大宫廷内，琐细的事情是无人过问的。

我不能忽略提醒你，有关你常去的纽卡斯尔公爵的宴会上，他们饮酒太多，你必须警惕，饮酒过多既不利于你的身体健康，又可能在酒酣耳熟之际产生不良后果，也许会陷入一场嬉戏打闹，而那位国王对此是很厌恶的（他是个很忧伤的人）。另外，你也不该像有些人那样过于忸怩躲避。为此，必须要用点手腕：酒中掺些清水；喝一口不要喝干；如果人家察觉你喝得少，非要让你多喝不可，你也不要大喊说你戒酒了，只能说近些时日来喝多了，咽喉发炎，今天只好告饶。一个年轻人应当内心聪明，深藏不露；一个老年人应当聪明外显，无论他是否真正聪明。

你在汉诺威逗留期间，我希望你在该选帝侯王国作两三次短途旅行。一是哈茨，该地富有银矿；一是格丁根，该地有座著名的大学；一是斯塔德，看看该地的商业。还该去泽尔看看。总之，去这些地方多看一看，以便更具体地了解该王国。去汉堡三四天，了解那个属于汉萨同盟的小国的结构，从而理解为何丹麦国王要对汉萨同盟有所诉求。

如果你在汉诺威一切顺利，建议你把该地作为你的总部，直到一周或十天后，国王离去；然后去不伦瑞克，尽管那是个小王国，却有着一个十分有礼的漂亮的小宫廷。你可在该处逗留两周或三周，由你自己决定。从不伦瑞克再去卡塞尔，停留数日再去柏林，最好在圣诞节之前。在汉诺威，你很容易获得若干去不伦瑞克与卡塞尔的介绍信。你无需柏林的介绍信，我将寄给你一封给伏尔泰的介绍信。如果你愿意的话，可以在柏林住上三个月（我相信你会愿意的），那么，此后我们就可以在该地再次相会了。

（十一）关心时政

1752年8月4日（旧辑），伦敦

你7月28日（新辑）自卡塞尔的来信告诉我，你的气喘病又犯了，这使我十分担心。我相信主要是由于你自己忽视了，未注意到季节的变换，再加上旅途劳顿，我敢说，我在巴斯给你的药你准是一颗也未吃。但愿你现在好些了，但愿有好医生在照顾你。我指的是汉诺威的雨果医生，他的医术高超，你务必把从最初在卡尼奥拉得病以来的病史详详细细地告诉他。不仅要立即准确地按他的处方定时服药，而且要听从他在养生方面的指导，以防止气喘的再度来袭。目前，拿出一段时间来按时服药并节食十分必要，争取一劳永逸地摆脱这种麻烦的病症；再要复发的话，既影响你的事业，也影响你享受生活的乐趣。尽管这些都是人尽皆知的常识，我仍担心你在病情有所好转后，又不再采取预防措施了。但要想到，大多数像你这样年纪的人，如不按时服药、注意养生，必将旧病复发。即使你不为自己着想，也要为我着想，无论如何，最严格地听从雨果医生当前的与未来的指导。

我估计你目前仍在汉诺威，此刻，该地是多国开展外交谈判的中心，几乎所有欧洲国家都派有外交官员在此。因此，你有一个好机会，以谦和的姿态与他们交谈，以充实你的知识。我以为，最主要的事情是选举神圣罗马皇帝，尽管我对此不抱希望，但仍衷心盼望选举能顺利进行。有两条理由：首先，我估计现任皇帝的去世也许能避免一场战争。现任罗马皇帝虽还年轻、健康，但正如其他年轻、健康的人一样也可能会发生意外。其次，这样会使某些强国反对，另一些强国不高兴又不敢公开反对。我指的是，罗马皇位的继承落入奥地利王室，如此，我衷心希望，奥地利能迅速强大起来，德意志能与法国抗衡。枢机主教黎塞留处心积虑，不惜代价，竭尽全力，要阻挡奥地利王室的崛起。斐迪南[①]当然是个专制君主，对法国来说，是个可畏的力量。除非让奥地利王室掌握帝国继承权，它才能强大起来，使欧洲形成均势。若罗马帝国诸小国君主无视皇帝的权威，彼此纷争不已，弱肉强食，要想让德国联合起来成为一个整体来对付法国，只能是一场可笑的空想。我的这个看法将会使某些友邦感到高兴，但同时也会招致敌意国家的不满。也许你和我有同样的见解，但我要向你建议，切勿随意泄露你的观点。帕拉蒂尼选帝侯会满意来自维也纳宫廷的傲慢与高压吗？我想他是不会满意的。如果帕拉蒂尼选帝侯会去投票，我估计在选举前就会有多出五票的胜算，那么，普鲁士国王及科隆选帝侯将会抗议。前者太聪明，后者从各方面来说都太弱。心烦意乱的法国，再加上教会同议会的纷争，更不用说病弱的王太子可能去世，将使心中无视法国的普鲁士国王谨慎行事。萨克森选帝侯则将受波兰国王的影响，而波兰国王又听命于俄罗斯国王，我希望俄罗斯国王不会得逞——将波兰的王冠攫为己有。但是，假设波兰在正统的王位继承体系下有一个强有力的政府，那么，欧洲又将出现一个新的恶魔，不知谁能来制服它。

我也不知道为什么今日我又热切关心起欧洲的政治来，若干年来我已不去关心。我想，大概是因为我是在给你这位“同龄人中最高明的”政治家写信的缘故吧。

---

① 此处指斐迪南六世，西班牙国王，腓力五世之子。——译注

（十二）致伏尔泰先生的信

1752年8月27日（旧辑），伦敦

先生：

由于我对斯坦厄普先生各个方面的无限关心，我擅自把他托付给您，他才有此荣幸呈上此信。他曾读过不少书，游历过不少地方，但我不知他能否恰当地使用贵国的语言，因他现年仅二十岁。数年前他在柏林，刚从该处回来，目前人们因某些动机向往北方，近来又向往南方。

先生，请允许我再次感谢您的《路易十四时代》一书给我的教益与愉快。我已阅读该书四遍之多，我希望在读第五遍以前，忘掉一点，但我发现这是不可能的。我正在急盼您允诺的增订本，恳请您切勿推迟。我原本以为自己对路易十四统治时期的历史已相当熟悉，我读过有关该时期的无数史料、回忆录、逸事等。您使我深信，我的想法错了，对此，我在许多方面存在概念混淆，甚至有些方面的认识的错误的。总之，我不得不承认我们必须感激您，先生，您使我们见到了不同领域的蠢事与暴行；认识到您用来反对那些莽汉、骗子所使用的武器再恰当不过，用其他武器是不值得的；这些人只需以讽刺与轻蔑待之。您能轻易猜测到此材料为何从未出版。此事确实可信，我存有作者的手稿。末日审判来到之时，朱庇特将像您那样对待他们，他们也活该受到那种对待。

先生，请恕我直言，我对您的考虑感到困惑不解，我不知该从您那里获得什么。我读了您最后一本历史著作，我渴望着陆续不断地读到您的历史著作，但却读到了您的《罗马脱险记》（印刷质量不佳），我希望您永远不要离开历史去写诗。目前仍有历史值得您用笔去写，也只有您的笔才配去写。长期以来，您写过欧洲最伟大也最暴戾的人的历史（我未用最伟大的英雄一词，请您原谅）；后来您又为我们写过最伟大的国王的历史，近来又写了欧洲最伟大、最正直之人的历史，我以为称他为国王反而贬低了他。对您来说，写他的历史并不困难，因为他就在您的眼前。无需用您诗意的抒发去描画他的荣耀，他的历史功绩本已有目共睹。一位历史学家的首要责任，在于“Ne quid falsi dicere audeat, ne quid veri dicere non audeat.”（拉丁文：“愿他不致胆敢说假话，也不敢说真话”）

再见，先生！我对您的尊崇与爱慕日复一日有增无减。

您最忠诚、最谦卑的仆人

查斯特菲尔德

（十三）进入议会并成为外交官

1752年9月26日，伦敦

每一天，我的思绪都主要集中在，或全部集中在你的身上，我预见到你前途光明，这使我愉快日增。对你的教育，我有两个目标靠得越来越近，我很少有理由不相信你会成功完成学业。这两个目标就是国会与外交事务。为此，我首先让你积累足够的知识，其次让你早日接触社会。如果不能在国会占有一席之地，任何人都做不成大事。有了国会中的名声，再加上高明的外交手腕，你将无往而不胜。你已为此学会数种外国语言，并有充足的历史知识与条约知识，也就是说，你已做好了实质性的准备，所欠缺的只是仪容。你的目标既已确定，我建议你经常把它们置于脑际，以此来指导你的读书、行动、讲话。要想进入议会，不仅要会讲话，而且要讲得好。讲话人人会讲，但不仅要讲得正确，而且要讲得流利；不仅要讲得流利，而且要讲得优雅。为此必须努力养成习惯，在日常生活中也这样要求自己。应寻找最恰当的字眼，拒绝使用不恰当的字眼或意义不清的粗俗字眼。应当阅读伟大的演说家的著作，既有古代的，也应有近代的。在阅读狄摩西尼与西塞罗的著作时，不要像书呆子那样，去钻研什么雅典或罗马的习俗，矿石的价值，德拉克马与塞斯特斯的价值，而要去研究他们是如何选择用词的，他们的演说技巧、文辞的和谐、布局、开头，等等，以吸引听众；研究他们如何选择结束语来加强语气，使听众留下深刻印象。同时，也不能忽视近代的演说家，应当学习阿特伯里、德雷顿、蒲柏、博林布罗克；不！我会阅读所有有关的书籍，不断地以最优秀的人物为榜样，提高我自己的水平，直到我自己也成为一位口才流利的演说家，只要努力，这是人人都能做到的。只要你树立起这样的目标，在参加任何聚会、阅读任何书籍时都牢牢记住这一目标，那就会有所收获，或者学到应模仿什么或者学到应避免什么。

现在来谈谈第二个目标——成为一名外交官。首先要定下几条成为高超谈判者所必须遵循的原则，按此去努力。是哪些原则呢？第一，对外交史应有十分清晰的了解。现在你已有了一定基础，还须逐日增进了解。为此目的，必须熟读历史、回忆录、逸事等。另外一些必要的谈判才能包括：获得对方的欢心与信任，不仅是你的合作者，甚至还包括你的对立者；要学会隐藏自己的思想与观点，发现对方的思想与观点；用外表上的坦诚（切莫多跨一步）去赢得他人的信任；获得国王、君主、大臣或他们的情人对你个人的好感；学会尽力管理情绪与表情，不能让冲动刺激你说出不恰当的语言，不要让表情的变化诱骗你讲出不该泄露的秘密；要广交朋友，使人家不把你当外人看待。只有头脑里有了这些原则，才能在做任何事情，说任何话时，都从这一方面或那一方面把你导向你的主要目的。你应培养出一种压制内心激动的习惯，有意识地掩饰不悦的感情，即使在出现突发事件时也要不露声色；最主要的是掌握获得他人欢心的高超本领，无此本领则将一事无成。事实上，聚会就是一个经常谈判的场所。你若带着上述想法去参加，定有相当裨益。用同样的办法，你可以结交朋友，谨防敌人，也许还能得到一个情人；你会得到一份有利的条约，避开对你不利的攻击，获得宫廷的欢心。如此这般地充分利用你所参与的聚会，将获得许多乐趣，造就你成为成功的谈判者。使值得让他们高兴的人都开开心心，不要得罪任何一个人。保守住自己的秘密，设法获知别人的秘密。克制自己不发脾气，也巧妙地劝阻别人发脾气。机敏地对抗你的对手，同时又要对他们客客气气，态度坚定但不动感情。

看在上帝的份上，千万不要忘记你的这两个目标，一切的一切，都朝着这两个目标努力。

（十四）名望的重要性

1752年11月11日（旧辑），巴斯

有一条十分古老却很真实的格言说：凡是宝座坐得最牢的国王，都是最能掌握人心的。他们的名望比他们的军队还管用，他们在臣民心中的感情影响比恐惧更能使臣民唯命是从。国王的威望越高，臣民越顺从，当然，这是就整体而言的；作为个体的臣民，自然有不同的态度。一个人具有取悦于广大民众的巨大才能，他的讲话能使广大听众接受，说明他有一种特殊的力量，这种力量有助于提高他的威望，即使发生了重大意外，也不致使他倒台。像你这样年纪的年轻人，一般来说，对名望的重要性都缺乏足够认识；当你们成长起来变得较为聪明以后，再去努力也往往难以挽救过去的忽视了。使你们对那种有用的力量缺乏认识，有三种原因：骄傲、忽视，以及不屑。第一条，我想你不会

有，鉴于你的见识，不至于此。我确信，你不会认为你的天然本质高于你的男仆，但是，由于穷富不同，你有理由为有男仆侍候而感到高兴。你可以有你的享受，但切勿轻视那些因无足够财富甚至缺乏生活必需品的穷人。以我来说，我是非常注意自己对仆役的态度的，甚至更甚于我对待同等地位的人们，有些人认为我无此必要。年轻人不大注意这方面，还以为颐指气使的态度，粗粝的权威性的指令，都是应有的气派。目中无人常常是骄傲与轻视他人的表现，这是不可原谅的。年轻人的注意力只集中在知心朋友的小圈子内，以及某些门第高、有容貌、有才华的出众人物身上；其余的人，他们就不屑一顾甚至连起码的礼貌都不讲。我应坦白向你承认，这是我年轻时的重大错误之一。我只把注意力集中在我所迷恋的宫廷小圈子，把别人都看成是平庸粗俗的小市民，不值得同他们讲礼貌，从而得罪了一些人。我被认为是傲慢之人，其实我仅仅是不谨慎。

“不屑一顾”不仅阻碍年轻人结交许多朋友，而且会导致其树立不少敌人。他们不屑于做那些他们知道应该做的事，仅仅是因为害怕受到绅士淑女们的耻笑。举个例子来说，假设你同几位上等人在大街上漫步时，不期而遇一位驼背的老朋友，你会怎么办呢？我告诉你该怎么办——如果是我的话，我会走上前去拥抱那位驼背老朋友，跟他说几句亲切的话，然后大大方方地回到朋友中去。

在说了这些话以后，也许你会说：取悦于所有的人是不可能的。我承认这点。但不能因此说我们不该尽我们的力量去取悦尽可能多的人。不，我还想再多说一句：我承认，一个人是不可能没有几个敌人的。但即使如此，我仍要坚持说：谁的朋友最多、敌人最少，他就是最强有力的，他将会高升而不受妒忌，即使摔倒了，也会体体面面，受到大多数人的同情。

由于世事的变化莫测，有些地位低下或贫穷的人，在某种情况下，在某些时候，可能成为对大人物、大富翁最有用处的人，但也可能成为找麻烦的敌人。已故的奥蒙德公爵几乎可算是最孱弱的人，但同时又是教养最好的人，在国内有很高声望。他在宫廷里、军营里接受教育，又天生好脾气，和蔼可亲，平易近人，因此受到许多人的喜爱。安妮女王[1]去世后，奥蒙德公爵受到控告，其罪名仅仅是因为其他朝臣受到了控告。为了走走形式，必须也控告他，但并不严厉。在下议院中，他受到的质询比别人少得多，斯坦厄普伯爵（当时还未受封伯爵）同国务大臣很快经过商量，就协调了奥蒙德公爵与新国王的关系。公爵在世上有一千个朋友而没有一个私人意义上的敌人。另一个例子是已故的马尔伯乐公爵，他着重培养取悦于人的本领，因为他充分认识这一本领的重要性，他在这方面胜过所有的人。他想得到谁的欢心就能得到谁的欢心；他力图获得所有人的欢心，因为他知道每一个人都多多少少值得他去获得他们的欢心。尽管，他身为大臣、将军，使他必然有许多政治上的敌人、不同党派的敌人，但这些都不是私人意义上的敌人，即使是最想让公爵受贬辱甚至被逮捕的人，也仍然喜爱丘吉尔先生，尽管他的名望已受到玷污。

（十五）用“虚荣心”助力“上进心”

1752年11月16日（旧辑），巴思

虚荣心，或说得文雅些，称它为：“接受钦羡与嘉许的愿望”，也许是一种人类最普遍的心理。我不是说它是最好的心理，我承认，在某些情况下，虚荣心是做蠢事甚至犯罪的根源。但是，它又常常是做对事情的原因，尽管应当有比它更高尚的动机，但考虑到人的天然本性，从事情的效果来看，虚荣心还是

[1] 安妮女王，英国斯图亚特王朝最后一位君主，多病且才智有限，靠大臣治理国家。——译注

值得鼓励与珍视的。如果缺了虚荣心，我们很可能变得冷漠、懒惰、呆滞、百无聊赖；我们可能不想出力，自甘堕落，能争取较好的生活也不去争取。

我把你当作我的告解神父，把我的弱点毫无顾忌地告诉你，坦率承认我就有过虚荣心，如果说这是个弱点的话，那么它还是我的一个严重弱点：甚至，我作此承认却无悔恨之意，不，我还高兴曾有虚荣心。因为，如果说我有幸得到社会的承认，那正因为我过去有此虚荣心。我初涉世事并非头脑空空，而是怀着一种永不满足的渴望，一种要求出人头地、受到钦羡与嘉许的强烈激情。即使这种激情使我做了某些蠢事；但是，另一方面，它也确使我做了几乎所有的正确之事。它使我对我不喜欢的妇女以及我所轻视的男人仍彬彬有礼，以期获得她（他）们的嘉许，尽管我既不稀罕也不愿接受她（他）们的嘉许，也不想获得她(他）们的友谊。我总是讲究自己的衣着、外表与谈吐，我承认，我在这三方面或其中一方面受到大众青睐时，会感到由衷的喜悦。同男人谈话，我给他们的印象是我的学问与才华；同女人谈话，我确信她们会因我的夸奖、赞赏与翩翩风度而喜笑颜开。再有，我向你——在秘密告解的状况下——承认，我的虚荣心还促使我只要可能就竭力去追求一个女人的爱情，尽管我对她的人品不屑一顾。同男人聚在一起时，我总努力显得高人一等，至少不低于其中最有光彩的那个人。这种欲望导致我使出浑身解数，即使争不到第一名，也要争到第二名、第三名。通过这些努力，我很快获得了上流社会的承认，一个人只要一进入上流社会，那么他的一言一行就是正确无误的了。发现我进入了上流社会并大出风头，真使我欣喜若狂。到处都邀请我去参加宴会、聚会。在男人群中，我成了普罗透斯[①]，能变幻出各种相貌以求取悦众人。在快乐的人群中，我是最快乐的；在忧郁的人群中，我是最忧郁的。我从不忽略赞赏别人的良好教养，从不忽略别人以友好态度有求于我，满足对方使他们同我更加亲近。由此，我结识了市内所有的上流人物与著名人士。

① Proteus 普罗透斯，希腊神话中的海神，善预言，能随心所欲地改变自己的面貌。——译注

一生的忠告

哲学家把虚荣心看作是可鄙的心理，而我却不。我一生中受惠于此甚多。我希望你也学我的样。我所担心的是你太缺乏虚荣心，如此看来你有某种程度的懒散、懈怠，对于荣耀抱着无所谓的态度。在你这样的年纪不应该有这样的性格，只有上了年纪的与世无争的老人才会对你宽宥。“捷足者先登”[①]虽是老生常谈，却是真理。一个人只要可能，就应当出类拔萃，闪闪发光，眩人耳目。

名言佳句英汉对照

Vanity, or to call it by a gentler name, the desire of admiration and applause, is, perhaps, the most universal principle of human actions; I do not say that it is the best; and I will own that it is sometimes the cause of both foolish and criminal effects. But it is so much oftener the principle of right things, that though they ought to have a better, yet, considering human nature, that principle is to be encouraged and cherished, in consideration of its effects.

虚荣心，或说得文雅些，称它为：“接受钦羡与嘉许的愿望”，也许是一种人类最普遍的心理。我不是说它是最好的心理，我承认，在某些情况下，虚荣心是做蠢事甚至犯罪的根源。但是，它又常常是做对事情的原因，尽管应当有比它更高尚的动机，但考虑到人的天然本性，从事情的效果来看，虚荣心还是值得鼓励与珍视的。

---

① 原文是：One should always put the best foot foremost.——译注

第七部分

1753—1754 年

Most maxim mongers have preferred the prettiness to the justness of a thought, and the turn to the truth; but I have refused myself to everything that my own experience did not justify and confirm.

大多数格言写作者喜欢运用一些美丽的辞藻，来说明某种思想的正确，然后把它变成真理。但是，我对非经我亲身体验验证过正确与否的真理是一概拒绝承认的。

（一）新年的祝愿

1753年元旦，伦敦

自从上次接到你的来信，我已有两周未见来信。但愿你一切顺利：上午去阿尔孛马尔勋爵的“局”里工作，晚上过一个上等人的夜生活。

最近我以极大兴趣阅读了伏尔泰的两本短篇历史著作:《十字军》与《人的精神》，如果你还未读过，我推荐你细读一下。这两本书同另一本书合订在一起，那是一部名为 *Micromegas* 的演出剧本，据说也是伏尔泰写的，但我不信，这部剧本写得很糟，完全不像是他写的，其中充满了从斯威夫特那里剽窃来的思想，只是胡乱拼凑到一起。《十字军》一书篇幅不长，却意义深刻，充分揭露了骑士们最不道德、最邪恶的阴谋，由许多莽汉去执行此种阴谋，公然反对人道精神。在诚实的莽汉同狡猾的骑士之间，有一种奇怪的、永不失效的联系，无论何时遇上一群诚实的莽汉，其后必然有狡猾的骑士在指挥操纵。欧洲的教皇们，通常都是最能干、最伟大的骑士，觊觎着东方的权力与财富，其实他们已掌握了欧洲的权力与金富。当时的时代、当时的民智，有利于实行他们的计划，那是黑暗的年代、头脑单纯划一的年代。而隐士彼得正是这么一个骑士兼莽汉，正好成为教皇的工具去实现如此野蛮、如此邪恶的任务。我希望你有欧洲各地可信的历史书籍。不少历史学家在他们的著作中表现出了对人道精神的漠视，这实在令我吃惊。按他们所写的来看，似乎全人类只有一百五十个人，领授尊贵的（其实完全不配）头衔，被称为皇帝、国王、教皇、将军、大臣。

你的朋友、选帝侯遗孀帕拉蒂尼送给我六只野猪头，及其“pieces de sa

chasse”（法文：她的猎物），作为回报我赠送给她扇子，她对扇子十分赞赏。送来礼物时，附有一封由哈罗德先生署名写给我的信，所用的英文相当差，我估计他是一位在英国居住过的丹麦人。

哈特先生昨日来到伦敦，今日与我共进午餐。我们谈及你的近况，我可以明确地告诉你，尽管他已是一位教区牧师，同“du beau monde”（法文；上流社会）无缘，但他仍同我一样强调你在仪容、气派等外在气质方面加强修养的必要性。他的原话是：“所有这些正是他所欠缺的。考虑到他的处境与未来的事业，他也许还需要加强其他各方面的学习。”

今天这样的日子，人们相互热情祝贺，但通常祝贺的一方无非说些客套话，受贺的一方也未必深信。他们只是按习俗常规行事而已。但我确信，你不会怀疑我祝愿的真诚，因此，我将像公谊会[①]教徒那样用最简洁的语言来说：祝今年是你的真正的新年，祝你除旧布新，成为一个新人！我指的是外在形象的新人。

此刻，我收到了你上月 26 日的来信，方知你长期未来信是源于令人不愉快的原因。由你所说的症状来看，但愿只是你不经心养护之故。你有明显发胖的趋势，你有天生的好胃口，经常出席上等宴会，自然进食过多。请记住我的话：如果你发现吃得太饱、发烧、头疼，若不采取某些很容易做到的预防措施（如晚上上床前嚼一小块大黄根，或清晨喝一些轻泻剂），你就很可能得病。当你头晕时，不妨稍稍呕吐。无论如何，幸好你未复发气喘。望你经常注意，切勿忽略健康。

---

① Quaker 贵格会教徒（基督教），亦称公谊会。——译注

（二）理念要同经验结合起来

1753年1月15日，伦敦

当我想到我把时间都用在你的身上时，我感到我是十分明智的。你已有很大长进，目前仍在全神贯注地提高自身。现在已到决定性的时刻。一个人即将在公众面前出现，若仅仅有个轮廓、有个大体上的色彩，是不足以吸引人们的目光与掌声的，还需要美妙的、精彩的、最后的一抹重彩。有判断力的人才能察觉并认识到人们的价值，无知识的人只懂得有无势力。由此，我想起一些格言，或更确切地说，有关对人对事的观察的名言，来供你细细领会。我不是个格言写作者，也不是个理论创立者，我绝不依靠想象，而只凭我的记忆，我的结论都从事实而来，绝非空想。大多数格言写作者喜欢运用一些美丽的辞藻，来说明某种思想的正确，然后把它变成真理。但是，我对非经我亲身体验验证过正确与否的真理是一概拒绝承认的。我希望你对那些格言都要慎重考虑，并在类似情况下加以检验。年轻人总喜欢自作聪明，就像醉汉总说自己未醉。年轻人重视理念，轻视经验。他们只知其一，不知其二。只有理念而无经验，是危险的；只有经验而无理念，则缺乏生气并有缺陷。两者结合起来是最完美的，可惜这种情况太少。如果你能把二者结合起来，那是最好不过。我的全部经验可以为你服务，无需你一丝一毫的报偿。要既用经验又用理念，让它们相互推动，相互检验。我在此处所说的年轻人的精神，是指年轻人的活力与朝气，但这些精神会阻碍他们预见到某项任务的危险性。我所说的年轻人的精神，绝不是指那些吹毛求疵、攀比门第、能言善辩、生怕被人轻视等粗鄙、愚蠢的所谓的“精神”。这些都是恶习，再蠢不过，应予清扫出去，扔进猪圈。

名言佳句英汉对照

Most maxim mongers have preferred the prettiness to the justness of a thought, and the turn to the truth; but I have refused myself to everything that my own experience did not justify and confirm.

大多数格言写作者喜欢运用一些美丽的辞藻，来说明某种思想的正确，然后把它变成真理。但是，我对非经我亲身体验来验证正确与否的真理是一概拒绝承认的。

（三）注意法国的变局

1753年12月25日，伦敦

鉴于我写给你的信件往往失落，我将在此重复我在上封信中有关你未来行程的意见。无论何时，当你对柏林感到厌倦时，你可以去往德累斯顿，查尔斯·威廉姆斯爵士将在该处伸开双手欢迎你。他今天与我共同进餐，说约在六周内赴德累斯顿。他对你的印象十分友善，急于尽快见到你。他信任你，将为你委派职务（他现今负有重要使命）。无论你在何处，应详细了解并特别注意法国的情况。法国的形势越来越严峻，依我之见，此种趋势将日甚一日。国王受到轻视，我对此毫不奇怪。他几乎已发展到遭到国人仇恨的程度。他的那些大臣既庸庸碌碌，又各怀鬼胎；他在教会与议会之间犹豫不决，就像寓言中的那头驴子，夹在两堆稻草之间却在挨饿。国王太爱他的情人，舍不得分开。议会不喜欢他，不予他权威性的支持；他还对教会持傲慢态度，教会很可能将他推翻。民众贫穷，自然心怀不满；信教的人则分成各种教派，相互对立。僧侣集团不容忍议会，议会也不容忍僧侣。毫无疑问，军队自然是各为自己打算，投靠不同势力，总有一天要崩溃。尽管军队总是支持专制君王的工具，但也往往是推翻君王的工具。这正是古罗马禁卫军的惯技，但凡出现了压迫人民的怪兽，他们就会废黜他、谋杀他。土耳其的禁卫军、俄罗斯的禁卫军，都干过同样的事情。法兰西民族如今思想自由，对宗教事务与政府开始各持己见，官员们也是如此。总之，我所遇到过的政局变动或发生革命之前的种种征兆，都已在法国显现，且日甚一日。我对此感到欣慰，欧洲从此可较安定，以便休养生息。我确信，英国需要休养生息，她既缺人力又缺资金；联合行省共和国（荷兰——译注）比英国更少人力更少资金；其余的强国既然不再有法国或其他海上强国来为他们的享乐偿付代价，自然也没法痛痛快快地跳舞了。据我的预想，欧洲第一个争论焦点，将是波兰的王位继承，如果目前的国王去世的话。为此我祝这位国王陛下长寿，过一个快乐的圣诞节。各国的外交大率如此。当你在日耳曼诸小国时，对各种流言需十分注意，应详细了解其细节、争论、协议，在巴伐利亚与各享有王位的诸选帝侯之间的战争、侵夺、相互谴责及签订的条约，他们的情形相当有趣、相当奇特。

新年临近，我没有时间再次向你表示祝愿，你也不必再向我祝愿。我的祝愿你已十分明了，能否实现，全赖你自己。在所有其他的祝愿中，我最诚挚的祝愿是：当新的一年来临时，你将以最虔诚的态度献身于美惠三女神，她们是绝不会拒绝奉献给她们的热诚的；没有她们的眷顾，你的朋友“幸福女士”将舍你而去；但愿她们都成为你的好友！

（四）要善于从优秀作品中学习遣词造句

1754年2月12日

我估计你目前仍在柏林，因此，把信寄往该处。如你未能收到此信，我将十分遗憾，因我相信你读此信时将会同我写此信时同样地异常欣喜。此信通知你：经过若干困难与艰险，你终于有了绝对把握获得新国会中的议席。这一成功，在很大程度上要归功于埃利奥特先生对你我的友谊，他把你带到了他确有把握的拥有议会席位的市镇。鉴于埃利奥特先生无比的热忱与友谊，我希望你务必通过最近的邮班写封感谢信给他，要用一个热情的年轻人的语气来感谢，而不能是冷漠的老年人的语气。你可将该信附在给我的信中，由我转送，因他目前在康沃尔。

你成为上议院议员已成定局，但我想你不至于满足于只是作一个没有主见的议员。只有下议院才是成功人士的舞台，你必须成为这一舞台上的演员而不是旁观者。不能进入下议院，就只能成为一个无足轻重的人物，而你不会想到一个只有你一半学问与见识的人，如果他想进入下议院的话会有多么容易。成为一个演说家、一个获得掌声的演说家的诀窍很简单：具有一定的常识，再加上懂得议院的办事规则，把一些明确的思想用新的方式表达出来，使你的讲话具有纯洁、准确、华丽的风格。你完全可以相信：迄今为止，人类中的大部分并未能对世事寻根究底，他们只探到一点浅层的表面。许多人有很好的见识，但只有少数人致力于实现。漂亮的姿态与动作使议员们悦目，华丽的词句使他们悦耳；至于道理是否充分，他们不屑一顾。我不是凭什么理论才这么说的，而是依据我自己的切身经验。所谓的优秀演说家，只不过是掌握了某些技术，正像每个鞋匠都有他的技术。这两种“行业”，都能靠勤加练习获得技术。为此，看在上帝的分上，让这门行业深刻在你脑中，成为你追求的主要目标，千万不要让它溜掉。要十分注意你的风度，无论用什么语言文字来说、来写，都要选用最恰当的字眼，要具有特色使人印象深刻。无论何时，你怀疑用某词是否恰当或是否足够华丽时，便须查阅字典或查阅某些优秀作者的作品，或向熟练掌握此种语言文字的专家请教；用不了多少时间，字斟句酌便能成为你的习惯，毫不费力。已故的博林布罗克勋爵，整日侃侃而谈，出口成章。为什么？并非出于他的天赋，他亲口告诉我，他从小就经常注意建立自己的风格。现任的副检察长默里（1756 年授曼斯菲尔德勋爵爵位——原注）尽管在熟悉法律方面不如其他许多律师，但在实际经验上远远超过他们，他有流利的口才，滔滔不绝。我记得早在剑桥读书的时候，一读到流利的文章，无论是古代的或现代的，我都要把精彩的段落抄录下来，并作翻译，尽我所能译得顺畅，译得优美。如果原文是拉丁文或法文，便译成英文；如系英文，便译成法文。就这样，锻炼了若干年，不仅改进并形成了我自己的风格，而且把最优秀的作家的优秀思想深深地印在我的记忆之中。这样做，并不太费事，而让我体会到的收益极大。你在国外，没有机会也没有时间读到优秀的英文文章或流利的国会演说，但我希望你回国后要十分注意。目前，如果你遇到流利的法文文章或演说，就要用上述办法、上述精神来注意它们的协调性、特色与风格，并考虑一下你是否能写得（说得）比他们更好；再考虑一下，不同的作者在表达同一个思想时如何运用不同的手法、不同的风格。粗糙、不雅的词句会使优秀的观念贬值，正如衣衫褴褛或蓬头垢面会使人贬值。总之，你现在已有了明确的目标，你应孜孜以求，坚持不懈。

名言佳句英汉对照

I remember so long ago as when I was at Cambridge, whenever I read pieces of eloquence, whether ancient or modern, I used to write down the shining passages, and then translate them, as well and as elegantly as ever I could; if Latin or French, into English; if English, into French. This, which I practiced for some years, not only improved and formed my style, but imprinted in my mind and memory the best thoughts of the best authors. The trouble was little, but the advantage I have experienced was great.

我记得早在剑桥读书的时候，一读到流利的文章，无论是古代的或现代的，我都要把精彩的段落抄录下来，并作翻译，尽我所能译得顺畅，译得优美。如果原文是拉丁文或法文，便译成英文；如系英文，便译成法文。就这样，锻炼了若干年，不仅改进并形成了我自己的风格，而且把最优秀的作家的优秀思想深深地印在我的记忆之中。这样做，并不太费事，而让我体会到的收益极大。

（五）适时隐退是明智之举

1754 年 2 月 26 日，伦敦

我收到了你 4 日从慕尼黑、11 日从拉蒂斯彭写来的信，但我未收到你在信中提及的 1 月 31 日写的信，看来邮班确实有疏漏。

如果你能正常地收到我的去信，你就会在离开慕尼黑之前，收到我的一封信建议你留在慕尼黑，因为你在该处已住得很习惯。现在，你在这样的气候、这样的路况下离开慕尼黑去柏林的决定，使我十分担心你会被大雪掩埋。总之，除非你现在一切都好，否则，依我想来，你不如回慕尼黑去，或至少在慕尼黑、拉蒂斯彭与曼黑姆之间兜个圈子，直到天气和道路都好起来。在各地逗留的时间长短由你自己去定，我不在乎你何时抵达柏林。

至于我们的见面，我告诉你我的计划，你也把你的计划告诉我。我打算在四月的最末一个星期内出发，然后喝一个星期亚琛的水，再从该地区约于五月十五日抵达斯帕，在该地至多住两个月，然后直接返回英国。但愿不会在斯帕度过一段漫长无聊的日子，最有趣的季节要七月中旬才开始，因此，我不希望你先抵达该处，否则，你我只得同几个嘉布谴会修士关起门来在那个可怜的洞中待上两个月。为此我建议你在你最喜欢的地方多住些日子，直到七月的第一周，然后来到斯帕同我会合，或在去斯帕途中的列日市或布鲁塞尔见面。在此期间，如你对曼黑姆与慕尼黑已感厌倦，愿意的话可去德累斯顿找查尔斯·威廉姆斯爵士，住到七月；也可以去海牙（荷兰）住一个月或六周；或者，去其他地方也可以，由你自己决定。

上封信中，我亟盼你给埃利奥特先生去一封热情的、衷心感谢的信，他以难以想象的友好情谊安排你在他自己的利斯克德市同他联合参选，当地并无对手，可确保当选。我将把你的信带去康沃尔，他现在正在该地。

如今，你将很快就能成为一名事业家，我衷心希望你立即成为一个做事有条理的人，处理事务时没有比有条不紊更重要的了。你时时刻刻做任何事情都要有条有理。你不会料到，有条有理会给你省下多少的时间，将使你事半功倍。国会里精通法律的人，比起一般人来，条理分明是他们最大的长处。因为他们必须从上诉状中简明扼要地摘出要点。我并不责备你，但我诚心希望你在条理、方法与头脑敏捷方面更加努力，以便事业有成，出人头地。你比一般同龄人有更多的知识，更能识人，更加谨慎，我敢说，比我在你的年纪时更强得多。然而，你现在还没有实际经验，因此，你应当相信我所说的。我是个老旅行家了，我既熟悉大路，又熟悉小径，我不会把你引向错误，当然，你一定确信我不致对你有意误导。

今后在你的信中将不再有机会称呼我为“阁下”等。若干年前，我已选择了退休与安逸，当时我还头脑清晰，身体的健康与精神状态仍足够担任公职；但如今，我已失聪，健康状态每况愈下，说明退职与休闲是唯一的出路。我知道我自己，我知道我能做什么，不能做什么，因此，知道应该做什么。在比辞职更差的情况下，我是不该也不愿再回去担任公职。我也不会再去爱尔兰，由于失聪体衰，如我再去爱尔兰，将使人感到我与从前判若两人了。这种变化将使我大失面子。从事公职时，耳聪目明是最重要的感官功能，此外，还有敏捷。而担任爱尔兰总督更需要这些方面的出众才能。多塞特公爵本人不愿担当此任，把总督一职交给了他的亲信，结果在爱尔兰引起混乱，是由我单枪匹马，既无亲信，也不靠大臣、情人的关系，扭转了危局。我还记得，当我任命现在已故的利德尔先生为我的秘书时，所有的人都表示出惊讶，有些朋友还责备我，说他没有担任公职的经历，只是一个温和可爱的年轻人。我真诚地告诉他们，这是最恰当的人选。因为我是亲自处理各项公务的，并不依赖秘书，如果总督的秘书是位老于世故的公职人员，反倒会多嘴多舌。再者，我把我自己看作已是荣誉退休之人了，我已服公职近四十年，我现在把它交给你，希望你像我一样，供职四十年，我将满意于你也有一个明智的退休决定。政治家与美人对自己的衰退总是最无自觉的，总要涂脂抹粉，还装出像如日中天时那样地发出光彩，结果只能使自己处于受轻视、受耻笑的状态。我适时引退了。教皇说得好："ere tittering youth shall shove from the stage."（"趁窃笑的年轻人把你赶出舞台之前。"）我所剩的雄心是培养你的雄心壮志。让我见到你的身上显现出年轻时的我；让我做你的导师。而你的才华与知识使我相信，你会比我走得更远。你必须尽心尽力，而我一定会为你指明方向。我承认，我对你只担心一件事，通常在你这样的年纪容易犯的毛病，这便是怠惰。如果你耽于怠惰而不能自拔，你将终生默默无闻，受人轻视。它将阻碍你做出值得一写的事迹，阻碍你写出值得一读的作品。然而，这两个目标中的任何一个目标，正是每一个有理智的人所应瞄准的。

一生的忠告

我把怠惰视作自杀，真正理性的人由此将被毁掉，只有野蛮人的欲望才会得逞。事业并不排斥享乐；恰恰相反，二者之间相互促进；我敢说，一个人如果不把二者结合起来，哪一方面都不会完美。因此，你应及时警觉漫不经心的毛病，永不拖延，今日能完成之事永不耽搁到明日；永不一心二用；有了目标，无论是什么样的目标，都要坚持不懈地、不屈不挠地去追求到底；让任何困难（只要是可以克服的）只能激励而不是减弱你的努力。要知道坚持具有惊人的效果。

名言佳句英汉对照

Statesmen and beauties are very rarely sensible of the gradations of their decay; and, too often sanguinely hoping to shine on in their meridian, often set with contempt and ridicule.

政治家与美人对自己的衰退总是最无自觉的，总要涂脂抹粉，还装出像如日中天时那样地发出光彩，结果只能使自己处于受轻视、受耻笑的状态。

Use yourself, therefore, in time to be alert and diligent in your little concerns; never procrastinate, never put off till tomorrow what you can do today; and never do two things at a time; pursue your object, be it what it will, steadily and indefatigably; and let any difficulties (if surmountable) rather animate than slacken your endeavors. Perseverance has surprising effects.

因所，你应及时警觉漫不经心的毛病，永不拖延，今日能完成之事永不耽搁到明日；永不一心二用；有了目标，无论是什么样的目标，也要坚持不懈地、不屈不挠地去追求到底；让任何困难（只要是可以克服的）只能激励而不是减弱你的努力。坚持具有惊人的效果。

译 后

查斯特菲尔德伯爵《一生的忠告》原书收信 202 封，考虑到时代背景的差异以及当代读者的需要，此译本只选译其中的 107 封，各封信都做了删节，以便突出要点，避免重复，节省篇幅。标题是新加的，原信并无标题。

敬请读者不吝指教。

译者

图书在版编目（CIP）数据

一生的忠告／（英）查斯特菲尔德（Earl of Chesterfield）著；褚律元译．—3版．—北京：中国法制出版社，2022.4（2025.8重印）

书名原文：Lord Chesterfield's Letters to His Son and Godson

ISBN 978-7-5216-2553-0

Ⅰ.①一… Ⅱ.①查…②褚… Ⅲ.①人生哲学-通俗读物 Ⅳ.①B821-49

中国版本图书馆CIP数据核字（2022）第037998号

策划编辑：杨　智（yangzhibnulaw@126.com）
责任编辑：胡　艺　　封面设计：汪要军

一生的忠告

YISHENG DE ZHONGGAO

著者/（英）查斯特菲尔德
译者/褚律元
经销/新华书店
印刷/北京虎彩文化传播有限公司
开本/710毫米×1000毫米　16开　　印张/15.5　字数/158千
版次/2022年4月第3版　　2025年8月第7次印刷

中国法制出版社出版
书号 ISBN 978-7-5216-2553-0　　定价：48.00元

北京市西城区西便门西里甲16号西便门办公区
邮政编码：100053　　传真：010-63141600
网址：http：//www.zgfzs.com　　**编辑部电话：010-63141817**
市场营销部电话：010-63141612　　**印务部电话：010-63141606**

（如有印装质量问题，请与本社印务部联系。）